U0181014

QINGHUA DAXUE "GONGNONGBING XUEYUAN" WEIJIFEN KEBEN

清华大学"工农兵学员"

微积分课本

刘培杰数学工作室　编

 哈尔滨工业大学出版社
HARBIN INSTITUTE OF TECHNOLOGY PRESS

内容提要

本书力求从生产生活实际出发,以分析微分、积分为线索,阐述了微积分的基本分析方法,研究了微积分的计算和应用问题.

本书可供数学爱好者阅读,也可作为理工科大学参考书.

图书在版编目(CIP)数据

清华大学"工农兵学员"微积分课本/刘培杰数学工作室编.
—哈尔滨:哈尔滨工业大学出版社,2020.12
ISBN 978 - 7 - 5603 - 9029 - 1

Ⅰ.①清…　Ⅱ.①刘…　Ⅲ.①微积分-高等学校-教材
Ⅳ.①O172

中国版本图书馆 CIP 数据核字(2020)第 160504 号

策划编辑　刘培杰　张永芹
责任编辑　刘春雷
封面设计　孙茵艾
出版发行　哈尔滨工业大学出版社
社　　址　哈尔滨市南岗区复华四道街 10 号　邮编 150006
传　　真　0451-86414749
网　　址　http://hitpress.hit.edu.cn
印　　刷　哈尔滨博奇印刷有限公司
开　　本　787 mm×960 mm　1/16　印张 10.25　字数 173 千字
版　　次　2020 年 12 月第 1 版　2020 年 12 月第 1 次印刷
书　　号　ISBN 978 - 7 - 5603 - 9029 - 1
定　　价　48.00 元

⊙

目

录

第一章　微积分的研究对象

第一节　运动、变量和函数

一、基本的数量分析(实例)

自然界中"没有什么事物是不包含矛盾的",一切事物由于内部矛盾的存在,总是处在不停地变化或者说是运动过程中.各种运动形式,譬如机械的、电的、热的……,虽然性质是千差万别的,但是,都表现为一定的数量的变化.对这些情况或问题一定要注意到它们的数量关系,要有基本的数量分析.任何质量都表现为一定的数量,没有数量也就没有质量.对于自然规律的掌握也是这样,也就是说,要做到心中有"数".

下面通过几个例子讨论一下,如何从这些运动形式的数量关系方面掌握它们的变化规律,帮助我们分析和解决实际问题.

例 1.1　水文资料——月流量记录.

某河流的水文站记录了该河历年的月流量(V)(即一个月流过的水量的总和),现将 1940 年的平均月流量列表如下(表 1-1),并画成图 1-1.

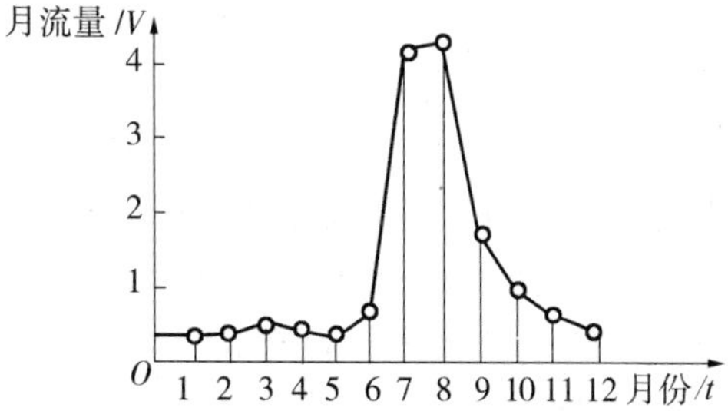

下面的表 1-1 及图 1-1,表示了月流量(V)与月份(t)的关系,掌握这个关系,对于设计水库时考虑库容是有帮助的.

图 1-1

表 1-1

月份(t)	1	2	3	4	5	6	7	8	9	10	11	12
月流量(V)/亿立方米	0.39	0.40	0.57	0.44	0.35	0.72	4.3	4.4	1.8	1.0	0.72	0.50

例 1.2 用热电偶测量温度.

如图 1-2 将两种不同材料的金属导线焊接在一起,把接点 I 放在 0 ℃的冰水中(称冷端),接点 II 放在待测温度 T ℃的地方(称热端),导线两端就有电压 U 产生.热端温度不同,产生的电压就不同.电压的数值可由电压表读出.根据这个道理制成的热电偶测温元件在钢铁、化工、电子等工业部门有着广泛的应用.

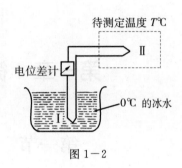

图 1-2

用精确的实验可以预先测量出各种热电偶的热端温度和电压的对应关系.铂铑—铂热电偶的热端温度和电压的对应关系如表 1-2 所示.

表 1-2

温度 $T/℃$	…	950	1 000	1 050	1 100	1 150	1 200	…
电压 U/mV	…	8.943	9.538	10.120	10.693	11.298	11.895	…

2

用热电偶测温时,要根据电压 U 的数值,推算出温度 T 来.工人们常常使用的一种既简单、又能保证足够精确的方法是,根据表 1-2 中温度和电压的每一对数值,在方格纸上画出一个点,过各点连出一条线(大致上是一条直线,如图 1-3).利用这个图就能很快地由电压表读出的电压数知道热端温度.在实际应用中,可以将图 1-3 中要用到的那一部

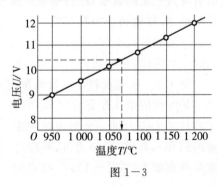

图 1-3

分图形放大,得到较精确的结果.如读出 $U=10.5$ mV,则 $T=1\ 083.16$ ℃.热电偶测温度是一种由热转化为电的运动,表 1-2 和图 1-3 就是从数量关系方面反映了这种运动的规律.

上面两个例题都是用观测或实验的方法找到表现变化规律的数量关系,用图形或表格表示出来,利用它们来帮助我们解决实际问题.我们看到,要表现变化规律就要遇到变化的数量,例 1.1 中的平均月流量 V 和月份 t,例 1.2 中的温度 T 和电压 U 都是变化的数量,这种可以取不同数值的量称为变量.

自然界中每一事物的运动都和它周围的其他事物互相联系和互相影响,各种运动变化的规律通过变量间的互相联系和互相影响而表现出来.在实践中,

这样的例子是很多的. 在例 1.2 中, 图 1-3 表示了温度 (T) 和电压 (U) 的数值对应关系, 它说明两个变量 T 和 U 是互相联系和互相影响的, 反映了热电偶中由热转化为电的运动规律. 变量在变化过程中的数值的对应关系叫作函数关系. 例 1.2 中, T 和 U 之间的函数关系通过图 1-3 表示出来.

表现变化规律的数量关系——函数关系, 与我们在算术、代数中所见到的不同, 它是一个新的数学对象. 算术中主要是研究不变的数量的运算规律, 例如: $2+2=4$, 这里 2 和 4 都是不变的数. 从代数方程解未知数, 这个未知数也是固定不变的数. 这种固定不变的数量叫作常量. 常量的数学只能反映相对不变的现象. 而客观世界是充满矛盾和不断变化的, 这就要求数学从研究常量发展到研究变量、研究表现实际运动的函数关系. 如何找出表现实际运动的函数关系呢? 实验和观测是一个基本的方法. 但是, 实践还要求我们在实验观测的基础上, 运用分析的方法, 找出用公式表示的函数关系. 下面以两种最简单的机械运动为例, 来说明这一点.

例 1.3 匀速运动的运动规律.

速度不变的运动叫匀速运动. 如火车离站后的正常行驶阶段; 车床自动进刀时, 刀架在导轨上的移动都可看作匀速运动. 匀速运动是最简单的机械运动. 现以车床刀架的移动为例, 分析一下匀速运动的运动规律.

刀架的移动表现为刀架在导轨上的位置随时间 t 的变化. 用导轨上某一固定点作为计算刀架位置的起始点, 即图 1-4 中的点 O, 刀架的位置就用刀架到点 O 的距离即坐标 s 表示. 假定开始时 ($t=0$) 刀架距点 O 为 5 mm. 自动进刀后, 刀架以每秒 1.5 mm 的速度移动 (记为速度

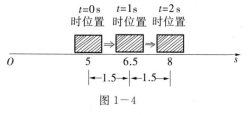

图 1-4

$v=1.5$ mm/s), 那么, 很容易得出在各个时刻 t, 刀架的坐标 s, 如表 1-3 所示.

表 1-3

时间 t/s	0	1	2	3	4
坐标 s/mm	5	6.5	8	9.5	11

表 1-3 表示了 s 与 t 的函数关系, 还可以更清楚地用式子表示出来: 因为刀架每秒移动 1.5 mm, 这个速度不变, 所以, 经过 t s 移动的距离是 $1.5\,t$ mm, 加上开始时的 5 mm, 则 t s 时刀架的坐标就是

$$s=5+1.5\,t$$

由上式可以算出,在任意时刻 t,刀架的坐标 s.如 $t=2.5$ s 时,$s=5+1.5\times2.5=8.75$ mm.因此说,上式表示了刀架的运动规律.这个规律也可以用图形表示.根据表 1-3 中 t 和 s 的各对数值,在直角坐标系中描点连线,即得一条直线(图 1-5).

一般地,速度为 v,初始位置坐标为 s_0 的匀速运动,其运动规律是

$$s=s_0+vt$$

例 1.4 自由落体的运动规律.

从空中掉下来的物体越落越快,就是说,它的速度不断增加,这种运动叫加速运动.实验证明,如果不考虑空气的阻力,并且物体开始下落时的速度为零,那么 1 s

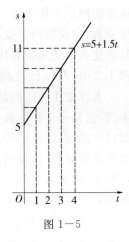

图 1-5

末它的速度是 9.8 m/s,2 s 末的速度是 $9.8\times2=19.6$ m/s,……,t s 末的速度是 9.8 t m/s.即落体速度每秒钟增加 9.8 m/s,这个数值叫落体的加速度,记作 $g=\dfrac{9.8\ \text{m/s}}{1\ \text{s}}=9.8$ m/s^2(g 又叫重力加速度).因为这个加速度是常数,所以落体运动又叫匀加速运动.由此,落体速度 v 随时间变化的规律可以写成

$$v=gt=9.8t\ \text{m/s}$$

如何计算自由落体运动下落的路程,譬如计算落体 5 s 内下落的路程,能不能像匀速运动那样用速度乘 5 s 这段时间得到呢?不能!因为在这 5 s 内,落体的速度是不断变化的.我们必须认真分析这种运动特有的矛盾,找出解决的方法.下一章将看到,微积分方法正是解决这一类问题的工具.这里,先给出结果.

在忽略空气阻力和初速度为零的情况下,落体下落的路程 s 和时间 t 的函数关系是

$$s=\frac{1}{2}gt^2=4.9t^2$$

由上式可以算出各个时刻落体下落的路程,如表 1-4.

表 1-4

时间 t/s	0	0.5	1	1.5	2	2.5	3
路程 s/m	0	1.225	4.9	11.025	19.6	30.625	44.1

在直角坐标系中,画出 s 和 t 的函数关系的图形,是一条曲线(图 1-6).上

面的公式、表 $1-4$ 及图 $1-6$,都表示了自由落体的运动规律.

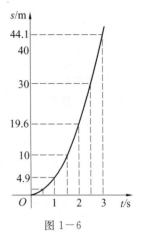

图 $1-6$

小　结

就人类认识运动的秩序来说,总是由认识个别的和特殊的事物,逐步地扩大到认识一般的事物.从例 1.1 到例 1.4,它们虽是不同形式的运动问题,但共同的一点,都是研究在某变化过程中变量间的数值对应关系.从这里,我们抽象出函数的一般概念.

二、函数概念

某变化过程中有两个变量 x 和 y,如果对于 x 在变化过程中取得的每一个值,y 就按照一定的规律,有一个确定的对应值,那么我们就说 y 是 x 的函数.记为 $y(x)$ 或 $y=f(x)$. x 叫自变量,y 叫因变量,记号 $y=f(x)$,f 表示 y 与 x 的对应关系,不是 f 乘 x.

如:例 1.4 中,s 是 t 的函数,记为
$$s=s(t)=4.9t^2$$

当 $t=1.5$ 时,对应的函数值就是
$$s(1.5)=4.9×1.5^2=11.025$$

有时也记为:$s|_{t=1.5}=11.025$.

又如
$$y=f(x)=2x^2-1$$
则
$$y|_{x=3}=2×3^2-1=17$$

函数关系可以用表格、图形或公式表示出来.由于函数图形直观地表示出因变量随自变量变化的情况,常将表格或公式表示的函数画出图像来,帮助分析问题.

在函数关系中,自变量的取值范围叫作函数的定义域.如例 1.4 中,自变量时间 t 不取负值,因此函数 $s=\dfrac{1}{2}gt^2$ 的定义域就是 $t≥0$,即右半 t 轴(如图 $1-6$).

一般用数轴上的区间来表示变量的取值范围.如 x 取 a 和 b 之间的所有数:$a<x<b$,可用图 $1-7$ 中 x 轴上的区间表示,记作 (a,b).

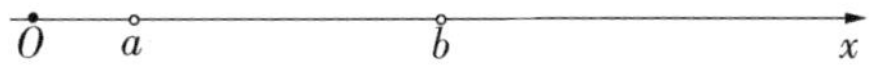

图 $1-7$

如果 x 的取值范围还包括区间端点 a 和 b,即 $a≤x≤b$,就叫作闭区间,记为 $[a,b]$,而 (a,b) 叫作开区间.

研究实际问题提出的函数关系,存在着各种辩证关系.在同一个问题中,两个变量间的函数关系,从数量方面反映了这两个变量间的相互联系和相互影响,两个变量的地位并不是一成不变的.例如,自由落体运动中,通常是由自变量 t 的数值变化去分析计算因变量 s 的数值变化;但是,有时也需要从落体下落的距离 s 推算下落的时间 t,这样,t 又成了 s 的函数.

从例 1.3 和例 1.4 可以看出,用初等数学的方法就可找到匀速运动变化规律的函数关系式,但是,在研究加速运动时,就遇到了初等数学不能解决的矛盾.这两种运动规律的根本区别就在于,一个运动速度是常量,另一个运动速度是变量.

匀速运动的情形:速度 v 是常量.如例 1.3 中,已知 $v=1.5 \text{ mm/s}$,刀架初始位置 $s_0=5 \text{ mm}$,$t \text{ s}$ 末刀架的位置是 $s=5+1.5\,t$,从 $t \text{ s}$ 到 $t+\Delta t \text{ s}$ 内走过的路程(记为 Δs)就是 $v \cdot \Delta t$,即

$$\Delta s=1.5 \cdot \Delta t$$

这个关系可通过计算得出,Δs 表示位置改变的大小(图 1-8(a)),它等于 $t+\Delta t \text{ s}$ 时的位置与 $t \text{ s}$ 时的位置之差,即

$$
\begin{aligned}
\Delta s &= s(t+\Delta t)-s(t) \\
&= [5+1.5(t+\Delta t)]-(5+1.5\,t) \\
&= 1.5\,\Delta t
\end{aligned}
$$

这说明函数 $s=5+1.5\,t$ 具有这样的性质:Δs 与 Δt 之比值是常数 $\dfrac{\Delta s}{\Delta t}=1.5$. 简单地说,$\Delta s$ 与 Δt 成正比. 这种性质表现了匀速运动的特点:在任何相等的时间间隔里,走过的路程也相等(图 1-8(b)).

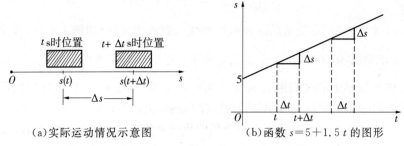

(a)实际运动情况示意图   (b)函数 $s=5+1.5\,t$ 的图形

图 1-8

变速运动的情形:速度 v 是变量,上述性质是不成立的. 如例 1.4 中,已知自由落体运动的速度 $v=gt$,用微积分法可求出,经过 $t \text{ s}$ 下落的距离是

$$s = \frac{1}{2} gt^2$$

从例 1.4 中的表 1-4 可以看出:t 从 1 s 变到 1.5 s 时,s 从 4.9 m 变到 11.025 m;t 从 2 s 变到 2.5 s 时,s 从 19.6 m 变到 30.625 m. 这两段时间间隔都是 0.5 s(记为 $\Delta t = 0.5$ s),但两段时间内下落的距离,一个是 $\Delta s_1 = 11.025$ m $-$ 4.9 m $=$ 6.125 m,另一个是 $\Delta s_2 = 30.625$ m $-$ 19.6 m $=$ 11.025 m. 从不同的时刻开始,经过同样长的时间,走过的路程却不同,这表明运动速度是变化的(图 1-9).

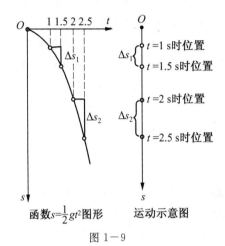

函数 $s = \frac{1}{2} gt^2$ 图形　　运动示意图

图 1-9

正是由于这种关系本身的特点,就不能形式地不加分析地套用匀速运动的计算方法. 比如,已知速度 $v = gt$,形式地套用公式:路程=速度×时间,就是错误的,不符合实际的,因为上述公式是以速度不变为前提的.

上面的分析告诉我们,由于匀速运动和变速运动的区别,就需要用新的数学方法. 这种区别的反映就是:有两种不同变化性质的函数关系,一种是函数的改变量与自变量的改变量成正比,另一种则不然. 这种情况在研究其他的变化规律时也常遇到.

一般地,若 y 是 x 的函数 $y = f(x)$,当自变量改变了 Δx,则函数的改变量就是

$$\Delta y = f(x + \Delta x) - f(x)$$

如果 Δy 与 Δx 成正比,那么就说 y 是随 x 均匀变化的,比如匀速运动的情形. 否则,就叫作不均匀变化,比如变速运动的情形. 请读者举出实际生活中均匀变化和不均匀变化的实例.

反映实际运动规律的函数关系中,有均匀变化和不均匀变化的区别,均匀变化与不均匀变化就是函数关系这个新的数学对象所具有的特殊的矛盾性. 对于这对矛盾的研究,产生了微积分法,微积分法就是解决这对矛盾的数学方法. 正如恩格斯所指出的:"变数是数学中的转折点. 因此运动和辩证法便进入了数学,因此微分和积分也就立刻成为必要的了,而它们也就立刻产生出来,……"

例 1.5 凸轮的轮廓线.

凸轮是一种常用的机械零件(图1—10).
当凸轮转动时,由于半径是变的,推动从动杆
运动,达到控制其他机构的目的.

现在要设计一个凸轮的轮廓线,几个尺寸
和角度是已知的,且凸轮关于中心线 MN 对称
(图1—10).提出的要求是:

(1)当从动杆接触 AB 段和 EF 段时,不工
作,即从动杆不动;

(2)当从动杆接触 CD 段时,要保证推动
从动杆匀速上升;

(3) BC 段和 DE 段是过渡段.

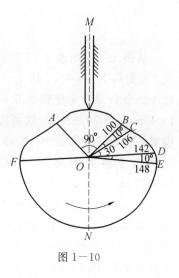

图1—10

解 凸轮半径用 ρ 表示,从动杆的运动是
通过半径 ρ 随转角 φ 的改变来实现的,我们的
任务就是根据已给的尺寸和要求,求出各段上半径 ρ 与转角 φ 的函数关系,即
各段轮廓线各是什么曲线?

(1) AB 段:从动杆接触 AB 段时,要求从动杆不动,所以,在这段上半径 ρ
应该不变,即 AB 是一段圆弧,半径 $\rho=100$ mm.

(2) CD 段:从动杆接触 CD 段时,要求从动杆匀速上
升,因为一般凸轮是匀速转动的,即相等的时间里转过相等
的角度,所以只要凸轮转过相等的角度,半径 ρ 都增长相等
的长度,就可以使从动杆匀速上升了.这样,我们只要使 ρ
随 φ 均匀增长即可.

在 CD 段,边 OC 算作转角 φ 的起始边(即 $\varphi=0°$),边
OD 就是终止边,转角 $\varphi=30°$,在这 $30°$ 里,半径 ρ 应均匀增
长 142 mm—106 mm=36 mm(如图1—11).所以,角度每
增加 $1°$,半径 ρ 增加 $\dfrac{36}{30}=1.2$ mm. 1.2 mm/度就是 ρ 对 φ
的增长速度.

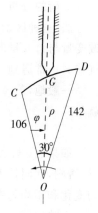

图1—11

因此,当转过 φ 时,半径 ρ(即图1—11中的 OG)应该
比 OC 增加 $1.2\cdot\varphi$,即

$$\rho=106+1.2\varphi$$

上式表示了在 CD 段上半径 ρ 与角度 φ 的函数关系,由此可以算出在各个
角度上的半径长短.如 $\varphi=5°$ 时, $\rho=106+1.2\times5=112$ mm.

(3)BC段:使从动杆由不动过渡到匀速上升,相当于一个起动阶段.最简单的方法是让从动杆匀加速上升,由于凸轮是匀速转动的,故要使ρ对φ的增长速度是均匀增大的,即ρ是随φ匀加速增大的.

在BC段,OB算作转角φ的起始边(即$\varphi=0°$),边OC就是终止边,转角$\varphi=10°$,因为在这一段,转过$10°$,要使ρ对φ的增长速度从0变为1.2 mm/度,所以,每转过$1°$,ρ的增长速度增加$\dfrac{1.2}{10}=0.12$ mm/度,即相对于φ的加速度的数值是0.12.与例1.4中的公式相仿,当转过φ时,半径ρ(即图$1-12$中的OH)应该比OB长$\dfrac{1}{2}\times 0.12\times \varphi^2$,即

$$\rho=100+\frac{1}{2}\times 0.12\times \varphi^2$$
$$=100+0.06\ \varphi^2$$

上式表示了在BC段上,半径ρ与角度φ的函数关系,由此可以算出在各个角度上的半径的长度. 如$\varphi=5°$时,$\rho=100+0.06\times 5^2=101.5$ mm.

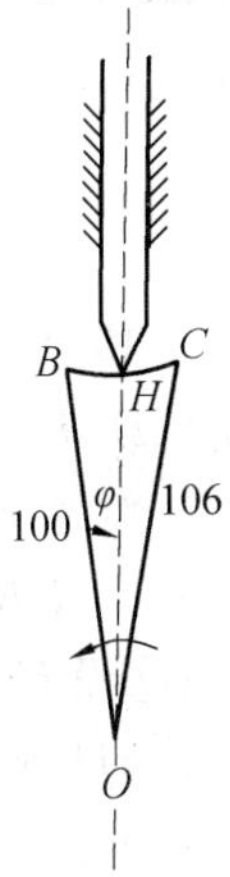

图$1-12$

其他各段,做法相同,读者可自行讨论.

这个例子说明了如何确定变量(如半径ρ、角度φ),如何应用匀速运动和匀加速运动的基本知识确定变量间的函数关系,从而解决了实际问题.

运用数学工具解决实际问题,是我们学习的目的.掌握分析变量关系的方法,有助于我们去分析和解决实际问题.

练　习

1.我国第一艘自行设计、自行制造的"东风"号万吨远洋巨轮,满载物资以每小时17海里的速度远航. ①写出"东风"号航程s和时间t的函数式$s(t)$;②在表$1-5$中填上s的数值;③在直角坐标系中画出$s(t)$的图像.

表$1-5$

t/h	1	2	3	4
$s/$海里				

2.一段金属丝的电阻R与温度T的关系如表$1-6$所示.①在直角坐标系中画出$R(T)$的图像;②算出温度每上升1 ℃,电阻R变化的数值(此数称为电阻率);③写出函数式$R(T)$.

表 1－6

温度 $T/℃$	0	5	10	15	20
电阻 $R/Ω$	25.0	25.5	26	26.5	27.0

3.根据电学中的两条基本定律

$$U=I \cdot R$$
$$P=I \cdot U$$

其中 U 是电压,单位伏特(V);I 是电流,单位安培(A);R 是电阻,单位欧姆($Ω$);P 是功率,单位瓦特(W).

解答下列各题:

①设 $R=100\ Ω$,写出函数式 $I(U)$,画出 $I(U)$ 的图像;②设 $U=10\ V$,写出函数式 $I(R)$,画出 $I(R)$ 的图像;③设 $R=50\ Ω$,写出函数式 $P(I)$,画出 $P(I)$ 的图像;④设 $U=220\ V$,写出函数式 $R(P)$,算出 40 W 电灯泡的电阻值.问灯泡瓦数越大,电阻越大还是越小?

4.矿井深 H m,半径为 R 的卷筒以匀角速度 $ω$ 旋转(即每秒转 $ω$ 弧度),从矿井起吊重物(图 1－13).设开始起吊时刻 $t=0$,求起吊过程中,重物离地面的距离 S 与时间 t 的函数式 $S(t)$(注意:半径为 R、圆心角为 $φ$ 弧度对着的圆弧长是 $R \cdot φ$).

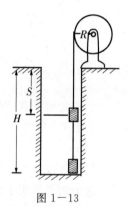

图 1－13

又若 $H=50$ m,$R=0.5$ m,$ω=π$ 弧度/s(即每秒转半圈),问需要多少时间才能将重物吊至地面?

5.火车起动阶段可看成匀加速运动.设一火车起动时,用了一分钟的时间使速度增加到 15 m/s.①算出火车的加速度;②写出火车速度 v(m/s)与时间 t(s)的函数式 $v(t)$;③写出火车行驶距离 s(m)与时间 t(s)的函数式 $s(t)$;④在表 1－7 中填上 s 的数值;⑤在直角坐标系中画出 $s(t)$ 的图像.

表 1－7

时间 t/s	0	20	40	60
距离 s/m				

6.电容器充放电(图 1－14)时,电压 U_c 随时间 t 变化的实验数据如表 1－8 和表 1－9 所示.

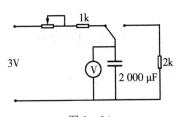

图 1—14

表 1—8

充电时	t/s	0	5	10	15	20	25	30	35	40	45	50	55	60
	U_c/V	0	0.55	1.05	1.35	1.6	1.8	1.95	2.05	2.15	2.2	2.25	2.27	2.3

表 1—9

放电时	t/s	0	2	5	10	15	20	25	30	35	40
	U_c/V	2.35	1.55	1.05	0.5	0.25	0.125	0.05	0.025	0.02	0.015

分别作出充电时和放电时函数 $U_c(t)$ 的图形.

7. 实验测得一个二极管的伏安特性(图1—15)数据如表 1—10 和表 1—11 所示,试作出 $I=I(V)$ 的函数图像($1\text{ mA}=10^3\ \mu\text{A}$).

表 1—10

正向伏安特性	U/V	0	0.2	0.4	0.6	0.64	0.66	0.67	0.68	0.69	0.7
(图1—15(a))	I/mm	0	1	2	4	5	6	7	8.5	10	14

表 1—11

正向伏安特性	U/V	0	-20	-40	60	-80	-100
(图1—14(b))	$I/\mu\text{A}$	0	-1	-1.1	-1.1	-1.2	-1.2

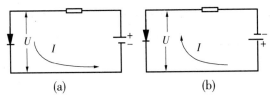

(a)   (b)

图 1—15

8. 举出一些生产中和生活中碰到的函数关系的例子. 分析一下,它们是否均匀变化.

11

第二节　基本函数及其图像

在用公式表示的函数关系中,有几种基本的函数关系是实际问题中常常出现的.很多变化规律是通过这些基本函数的运算来表示的.下面结合实例来介绍这些基本函数.

一、线性函数(一次函数)

先看两个具体的例子.

匀速运动的物体其位置的坐标 s 与时间 t 的函数关系 (见上节例 1.3)是

$$s = s_0 + vt$$

其中 s_0, v 都是常数.

金属丝电阻 R 与温度 T 的函数关系(见上节练习 2)是

$$R = R_0 + \alpha T$$

其中 R_0 是 0 ℃时的电阻,α 是温度每增加 1 ℃时电阻增加的数值,R_0, α 都是常数.

这两个函数关系尽管具有不同的物理意义,但是,就因变量与自变量的对应关系来说,两个函数关系却有共同性.因变量都是用自变量的一次式表示出来,即都是用形如

$$y = b + ax \quad (a, b \text{ 都是常数}) \tag{1-1}$$

表示的函数关系.用式(1-1)表示的函数在实际问题中有很多.因为 y 和 x 是一次关系,所以叫一次函数.在直角坐标系中,式(1-1)的图像是直线(图 1-16),所以又叫线性函数.

从图 1-16 可知

$$\tan\alpha = \frac{y-b}{x}$$

又由式(1-1)知

$$y - b = ax$$

得

$$a = \frac{y-b}{x}$$

所以

$$\tan\alpha = a$$

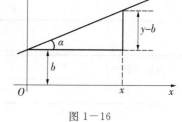

图 1-16

$\tan\alpha$ 叫这条直线的斜率,式(1-1)中 x 的系数 a 就代表斜率.由此可知表

示匀速运动的图像(图1—16)中,速度的大小等于图中直线的斜率,直线越陡,斜率就越大,表示的速度越大,工程上常用这样的几何意义来帮助分析问题.

读者可以看出,线性函数是均匀变化的,而均匀变化的函数也一定是线性函数.

二、幂函数

幂就是乘方,代数中学过 $a,a^2,\cdots,a^n$,分别叫 a 的一次方,二次方,……,n 次方,也叫 a 的一次幂,二次幂,……,n 次幂.a 叫底数,$1,2,\cdots,n$ 叫指数,如果底数是自变量 x,指数 n 等于某个常数,则 $y=x^n$ 叫幂函数,并且 n 可以是负数、分数、小数……

我们已经碰到不少幂函数的形式:一次函数 $y=b+ax$ 就是由一次幂函数 $y=x$ 经过乘常数 a,再加常数 b 得到的;自由落体运动规律 $s=\dfrac{1}{2}gt^2$ 是二次幂函数 $y=x^2$ 的形式;电压一定时,电流 I 与电阻 R 的关系 $I=\dfrac{U}{R}$ 是负一次幂函数 $y=x^{-1}=\dfrac{1}{x}$ 的形式.

13

三、三角函数和反三角函数

1.三角函数.

学习三角时,我们就已经接触到三角函数的概念,用三角函数表就能够查到任意一个角度 x 的正弦、余弦、正切的值. 正弦函数 $y=\sin x$,余弦函数 $y=\cos x$,正切函数 $y=\tan x$,它们统称为三角函数.$y=\sin x$ 的图像如图1—17所示.

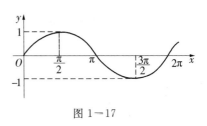

图 1—17

值得指出的是,在微积分中,角度 x 一般用弧度作单位. 在研究机械运动和交流电等现象中,常遇到用三角函数表示的变化规律.

例1.5 (偏心驱动机构的运动规律)偏心驱动是将转动转化为直线往复运动的机构,图1—18是一个油泵上用的偏心驱动机构的示意图. 主动轮绕轴 O 转动时,偏心梢 A 做圆周运动,A 带动槽 BC 上下运动,油泵的柱塞 D 与 BC 固定连接,因此,柱塞也上下运动. 现在要找出柱塞的位置随时间的变化规律.

设 BC 槽在主动轮中间时(图1—18中虚线位置),柱塞的位置为 $s=0$;当偏心梢转过角度 φ 时,柱塞上移的距离为 s(等于 BC 槽上移的距离).设偏心梢 A 至轴心 O 的距离为 $OA=50\ \mathrm{mm}$,根据三角知识可以得到

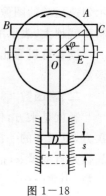

$$s = EA = OA\sin\varphi = 50\sin\varphi$$

可以看出 φ 为任意角度时这个公式都对.

若主动轮的转速是每秒 n 转,即每秒钟偏心梢转过的角度是 $2\pi n$ 弧度(一圈 $360°$ 是 2π 弧度)记为 $\omega = 2\pi n$. ω 称为角速度,所以 t s 转过的角度是 $\varphi = \omega t$,上式写成

$$s = 50\sin\omega t$$

此式表示了柱塞的运动规律,它的图像如图 $1-19$ 所示.

可以看出 s 是周期性变化的:$\varphi = \dfrac{\pi}{2}$ 时,柱塞到了最上端

$s = 50$ mm;$\varphi = \pi$ 时,柱塞回到初始位置 $s = 0$;$\varphi = \dfrac{3}{2}\pi$ 时,

柱塞到最下端 $s = -50$ mm,如此下去. s 是随 φ(或 t)不均匀变化的,柱塞的运动速度是时快时慢的.

图 $1-18$

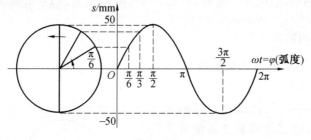

图 $1-19$

偏心驱动机构的运动规律,一般的形式为 $y = a\sin x$,通常叫作简谐运动. 日常用的交流电的数学表达式也是正弦函数(或余弦函数):电压 $u = U_m\sin\omega t$,其中 U_m 是电压的最大值,$\omega = 2\pi f$,f 是交流电的频率. 在示波器上可以看到与图 $1-17$ 一样的电压波形.

2. 反三角函数.

有时需要根据某一个角度的正弦值反查出这个角度有多大,比如由 $\sin A = 0.5$,可以查出 $A = \dfrac{\pi}{6}$,我们记为 $A = \dfrac{\pi}{6} = \arcsin 0.5$.

一般地,若 $x = \sin y$,则 $y = \arcsin x$,称反正弦函数,其中 x 的变化范围是 $-1 \leqslant x \leqslant 1$. 相应地,$y$ 的范围是 $-\dfrac{\pi}{2} \leqslant y \leqslant \dfrac{\pi}{2}$,同样有反余弦函数 $y = \arccos x$ 和反正切函数 $y = \arctan x$.

四、指数函数和对数函数、数 e

1. 指数函数.

底数 a 不变,指数是变量 x 的函数 $y = a^x$ 叫指数函数(注意把指数函数与幂函数区别开). 工程问题中常碰到的指数函数是以常数 $e = 2.718\cdots$ 为底的. 下面通过一个实例简单介绍数 e 和以 e 为底的指数函数的来源.

例 1.6 放射性元素的衰变规律.

通常核爆炸中用的材料(如铀)是一种放射性元素,它不断地放射出原子内的各种微观粒子,变成其他原子,使它的原子数不断减少,这个现象称为衰变(图 1—20). 找衰变的规律就是找出原子数 N 与时间 t 的函数关系 $N = N(t)$. 由实验可知道,放射性元素的原子越多,放射出的粒子越多,它的原子数 N 减少的越多.并且有一个近似的规律:在极短的一段时间内(记为 Δt),原子数 N 的变化(记为 ΔN)与这时的原子数 N 和这段时间 Δt 成正比,即

$$\Delta N = -\lambda N \Delta t$$

式中 λ 叫衰变常数,因为原子数不断减少,ΔN 为负数,所以式中有一负号.

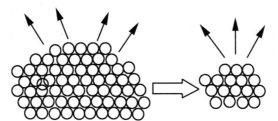

t 时, 有 N 个原子　　　　$t + \Delta t$ 时, 有 $N - \lambda N \Delta t$ 个原子

图 1—20　衰变示意图

假定开始有 N_0 个原子,问经过时间 t 后,剩下多少个原子 $N(t)$?

解　前式 $\Delta N = -\lambda N \Delta t$ 在 Δt 极短时才成立,所以我们将从 0 到 t 这段时间分成若干段小的时间间隔,譬如分成 1 000 份,每个小间隔 $\Delta t = \dfrac{t}{1\,000}$.

从开始经过一个 Δt,原子数从 N_0 减少到

$$N_1 = N_0 + \Delta N_0 = N_0 - \lambda N_0 \Delta t = N_0(1 - \lambda \Delta t)$$

再经过一个 Δt,原子数从 N_1 减少到

$$N_2 = N_1 + \Delta N_1 = N_1 - \lambda N_1 \Delta t$$
$$= N_1(1 - \lambda \Delta t) = N_0(1 - \lambda \Delta t)^2$$

再经过一个 Δt,原子数从 N_2 减少到

$$N_3 = N_2 + \Delta N_2 = N_0(1 - \lambda \Delta t)^3$$

······

经过 1 000 个 Δt(即经过 t)后,原子数减少到

$$N_{1\,000} = N_0(1-\lambda\Delta t)^{1\,000}$$

这时 t 是原子数的一个近似值.

时间间隔 Δt 分得越小,这样的计算就越精确. 一般来说,分成 n(n 是任何正整数),即 $\Delta t = \dfrac{t}{n}$,那么经过时间 t 后,原子数的近似值是 $N_n = N_0\left(1-\dfrac{\lambda t}{n}\right)^n$. 当分的份数越来越多时(即 n 越来越大时),这样得到的近似值就趋近于精确值. 因此,我们来看看,在 n 越来越大时,N_n 趋近于什么数? 下面分两步来解决这个问题.

第一步 求 n 越来越大时,$\left(1+\dfrac{1}{n}\right)^n$ 趋近什么数. 为此,列出表 1—12.

表 1—12

n	1	2	10	1 000	100 000
$\left(1+\dfrac{1}{n}\right)^n$	2	2.25	2.594	2.717	2.718···

16

随着 n 的增大,$\left(1+\dfrac{1}{n}\right)^n$ 趋近于 2.718···,这是一个无穷小数,把它记为 e. 同样当 n 越来越大时,$\left(1-\dfrac{1}{n}\right)^{-n}$ 也趋近于 e.

第二步 将式子 $\left(1-\dfrac{\lambda t}{n}\right)^n$ 变换一下,令 $\dfrac{\lambda t}{n} = \dfrac{1}{n'}$,$\left(1-\dfrac{\lambda t}{n}\right)^n = \left(1-\dfrac{1}{n'}\right)^{\lambda t n'} = \left[\left(1-\dfrac{1}{n'}\right)^{-n'}\right]^{\lambda t}$,当 n 越来越大时,n' 也越来越大,由上所述,$\left(1-\dfrac{1}{n'}\right)^{-n'}$ 趋近于 e. 因此 $\left(1-\dfrac{\lambda t}{n}\right)^n$ 在 n 越来越大时,就趋近于 $e^{-\lambda t}$. $N_n = N_0\left(1-\dfrac{\lambda t}{n}\right)^n$ 就趋近于 t 时原子数的精确值:$N(t) = N_0 e^{-\lambda t}$. 这个负指数函数 $N(t)$ 表示了放射元素的衰变规律.

工程问题中常碰到这种负指数函数. 充电至电压 U_0 的电容 C,经电阻 R 放电(图 1—21),电容器上电压 $U_C = U_0 e^{-\frac{t}{RC}}$. 这是电子技术中很有用的一个规律. U_C 的图像如图 1—22 所示,这个波形能够在示波器上看到.

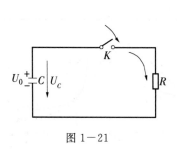

图 1—21

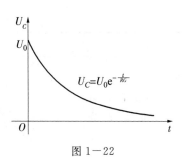

图 1—22

2. 对数函数.

根据指数和对数的相互转化关系,得到:

若 $x=a^y$,则

$$y=\log_a x$$

我们称它为以 a 为底的对数函数.

当 $a=10$ 时,则 $\log_{10}x$ 记为 $\lg x$;当 $a=\mathrm{e}$ 时,则 $\log_e x$ 记为 $\ln x$,以 e 为底的对数称为自然对数. 如果已知 x,从对数表上可以查到 y 的数值.

在上面的例子中,要知道经过多少时间,原子数减少到开始的原子数的一半,就是要求 t 等于多少时,$N=N_0\mathrm{e}^{-\lambda t}=\dfrac{N_0}{2}$.

由上式

$$\mathrm{e}^{-\lambda t}=\frac{1}{2}$$

$$-\lambda t=\ln\frac{1}{2}$$

$$t=-\frac{1}{\lambda}\ln\frac{1}{2}=\frac{1}{\lambda}\ln 2=\frac{0.693\,1}{\lambda}$$

这个时间叫作半衰期.

根据数形结合的研究方法,我们把基本函数及其图像列成表 1—13,在对比中认识规律,便于查阅.

这一章,我们从研究运动和变量开始,分析了一些运动过程的数量关系——函数关系及其具有的特殊的矛盾性,学习了一些基本函数的知识. 实践中出现了用初等数学所不能解决的问题,就必然要产生新的研究方法——微积分.

表 1−13

函数	公式	图像
幂函数	$y=x^n$（n 是常数,可以等于正负数,分数、小数…）	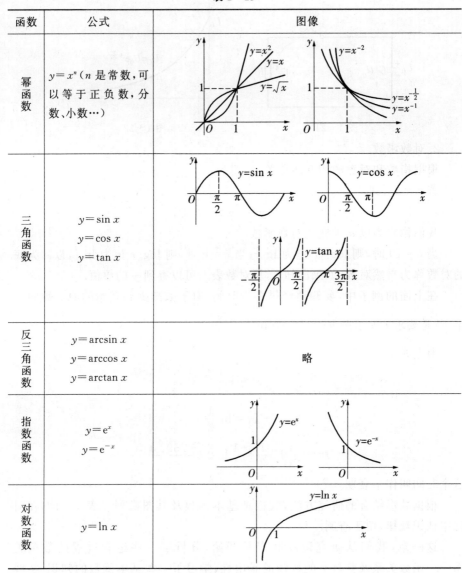
三角函数	$y=\sin x$ $y=\cos x$ $y=\tan x$	
反三角函数	$y=\arcsin x$ $y=\arccos x$ $y=\arctan x$	略
指数函数	$y=e^x$ $y=e^{-x}$	
对数函数	$y=\ln x$	

18

下章就介绍微积分的基本分析方法和概念.

练　习

1.求下列函数值,并作出函数的大致图形.

①$y=-2x+1$,求 $y(0)$,$y(-1)$.

②$y=f(x)=\dfrac{1}{2}x-2$,求 $f(1)$,$f(-2)$.

③$y=2x^2-1$,求 $y(2)$,$y(-2)$.

④$y=-2x^2+1$,求 $y(\sqrt{2})$.

⑤$y=f(x)=\dfrac{2}{x}(x\neq0)$,求 $f(4)$.

⑥$y=-\dfrac{1}{x}(x\neq0)$,求 $y(1)$,$y(-1)$.

⑦$u=2\sin t$,求 $u\left(\dfrac{\pi}{6}\right)$,$u\left(\dfrac{\pi}{4}\right)$,$u\left(\dfrac{3}{2}\pi\right)$,$u(2\pi)$.

⑧$y=-2\cos t$,求 $y(0)$,$y\left(\dfrac{\pi}{2}\right)$.

⑨$x=\sin 2t$,求 $x\left(\dfrac{\pi}{6}\right)$,$x\left(\dfrac{\pi}{4}\right)$,$x\left(\dfrac{\pi}{2}\right)$.

⑩$y=f(x)=\mathrm{e}^{-\frac{x}{2}}(x>0)$,求 $f(0)$,$f(1)$.

⑪$u=1-\mathrm{e}^{-2t}(t>0)$,求 $u(0)$,$u\left(\dfrac{1}{2}\right)$,$u(1)$.

2.曲柄连杆是常用的一种机械(图 1-23).设半径为 r 的主动轮以等角速度 ω 旋转,连杆 AB 长 l,求滑块 B 的运动规律,即求 $s(t)$ 的表达式.

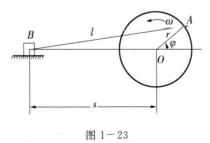

图 1-23

第二章　微积分的基本分析方法和概念

微积分与其他科学一样,它源于生产实践.我国历史上随着生产力的发展而出现的用"割圆术"求圆周长以及关于无限分割的概念[①],都是微积分的基本方法和概念的萌芽.

这一章先用一些简单直观的例子,开门见山地介绍微积分解决问题的基本分析方法,以微分、积分这一对矛盾的发生、发展和相互转化为线索,结合实际,逐步阐明微积分的基本概念和理论.

第一节　微分和积分

在这一节中,我们用几个简单的例子,说明微分、积分的基本分析方法,然后概括为一般概念.

一、几个具体实例

例 2.1　求扇形的面积.

图 2-1 中 OAB 是一个扇形,半径 $\rho = 8$ cm,圆心角 $\varphi = \dfrac{\pi}{3}$. 要求它的面积.

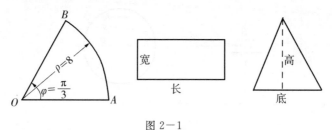

图 2-1

解　(1)分析主要矛盾:

我们已经会算直边形的面积,如

---

①　春秋战国时期提出的"一尺之棰,日取其半,万世不竭."

$$长方形面积＝长×宽$$

$$三角形面积＝\frac{1}{2}×底×高$$

　　而扇形有一条曲边,上面的公式不能直接用.会算直边形的面积,不会算曲边形的面积,这就是困难,就是矛盾.求扇形的面积,就必须解决"曲"与"直"这一对矛盾.

　　(2)解决矛盾的基本思路:

　　在生活中人们用了各种巧妙的办法来解决"曲"与"直"这一对矛盾.

　　钳工师傅用平锉可以锉出一个圆形工件,平锉锉一下是直的,但不断改变平锉的方向,就能锉出一个圆形的工件(图 2-2).就是说,在工件极小的一段上看,锉出来是直的,而总体看工件的外形却是曲的.

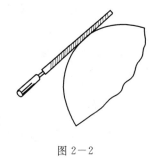

图 2-2

　　建筑工人用条石可以砌成半圆形的桥洞(图 2-3),从一块条石看,是直的,总体却是圆的.

　　通过上面的例子,说明了"矛盾着的双方,依据一定的条件,各向着其相反的方面转化." "曲"和"直"这一对矛盾,在一定的条件下可以互相转化,这个条件就是,相对于整体来说,在局部很短的一段上,可以"以直代曲".我们解决矛盾的基本思路就是:在很短的一段上,以

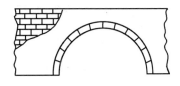

图 2-3

直线代替曲线.下面运用这一基本思路求出扇形的面积,从而说明微分、积分的概念.

　　为了在很短的一段上以直线代替曲线,将整个扇形分成许多小扇形(图 2-4),在分的极细的条件下,每个小扇形的曲边就可以看成是直边,小扇形就可以看成三角形,可以利用三角形的面积公式求出其面积.

　　取一个小扇形 OCD,其圆心角用 $\mathrm{d}\varphi$ 表示,其面积用 $\mathrm{d}F$ 表示(φ 表示角,F 表示面积,d 表示很小的意思).$\mathrm{d}F$ 可用三角形的面积公式算出

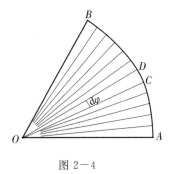

图 2-4

$$dF = \frac{1}{2} \times 底 \times 高$$

因为　　　　　　　　　高＝半径＝8 cm

底＝CD 弧长＝半径×圆心角＝$8 \times d\varphi$ cm

所以　　　　　　　　$dF = \frac{1}{2} \times 8 \times 8 \times d\varphi cm^2$

每个小扇形的面积都可以这样求，dF 叫作面积的微分. 整个面积是所有小扇形面积的总和，在无限分细的条件下，把 OA 和 OB 之间所有的微分 dF 积累起来，就得到整个扇形的面积 F，无限多个微分的积累叫作积分，用下面的符号表示

$$F = \int_0^{\frac{\pi}{3}} \frac{1}{2} \times 8 \times 8 \times d\varphi$$

其中符号"$\int$"表示无限积累的意思，叫积分号，积分号下面和上面注明的数字，表示积累的范围，就是将从边 $OA(\varphi=0)$ 到边 $OB\left(\varphi = \frac{\pi}{3}\right)$ 之间的微分无限积累. 0是积累的起始角，叫积分的下限，$\frac{\pi}{3}$ 是积累的终止角，叫积分的上限.

这个积分好算，因为 $8d\varphi$ 是小扇形的底，每个小扇形的高都是 8 cm，所以，要求所有的小扇形面积的和，相当于把所有小扇形的底相加，再乘以 $\frac{1}{2} \times$ 8 cm. 全部小扇形的底相加，等于圆弧 AB 的长，即

$$F = \int_0^{\frac{\pi}{3}} \frac{1}{2} \times 8 \times 8 \times d\varphi = \frac{1}{2} \times 8 \times AB \text{ 的弧长}$$

$$= \frac{1}{2} \times 8 \times \left(8 \times \frac{\pi}{3}\right) = \frac{32}{3}\pi = 33.49 \text{ cm}^2$$

上面的算法可以求任何扇形（图 2－5）的面积，设扇形的半径为 ρ，圆心角为 φ，用同样的方法可得面积的微分是

$$dF = \frac{1}{2} \cdot \rho \cdot \rho \cdot d\varphi = \frac{1}{2}\rho^2 d\varphi$$

总面积就是

$$F = \int_0^{\varphi} \frac{1}{2}\rho^2 d\varphi = \frac{1}{2}\rho^2 \varphi$$

这就是求任意扇形面积的公式.

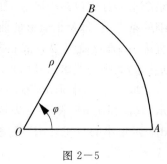

图 2－5

22

小　结

"曲"与"直"是求扇形面积问题中的主要矛盾,要解决这一矛盾,就必须遵照"对立统一"的思想,创造条件,"促成事物的转化".从整体看是曲的东西,在很小的局部看能够"以直代曲",这是"曲直"矛盾的转化基础.因此,关键在于创造条件,这个条件就是:"无限分小".直和曲的矛盾,在"无限分小"的条件下才能转化.

这个简单的例子,使我们看到微积分并不神秘,它的基本思想来自生产实践.对于这个例子来说,微积分的基本思想可以概括为下面四句话:

化整为零无限分,以直代曲得微分;

积零为整微分和,要求面积算积分.

例 2.2　压力的计算.

在水利工程中,要计算闸门所受的水压力(图 2−6).闸门在深水处所受的压力大,接近水面处所受的压力小.通常用单位面积上所受压力的大小(称为压强)来衡量压力的情况.在闸门上,不同深度的地方,压强也不同,实验确定:压强与水深成正比.用 p 表示压强,h 表示水深,则 p 与 h 的函数关系是

$$p = \gamma \cdot h$$

其中 γ 是一立方米的水重,$\gamma = 1 \text{ t/m}^3$.这个函数图形如图 2−7 所示,它表明压强是随水深而变的.

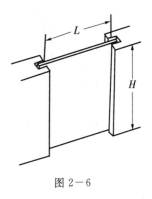

图 2−6

设闸门宽 $L = 2 \text{ m}$,高 $H = 3 \text{ m}$,当水面齐闸门顶时,求闸门所受的压力 P.

解　(1)分析主要矛盾:

对于均匀受压的情形(图 2−8),即压强处处相同,有公式

压力＝压强×受压面积

可以计算.但闸门不是均匀受压的,压强 p 随水深 h 而变化,因此,不能用上述公式求压力.为求闸门所受压力,必须解决压强变与不变这对矛盾.

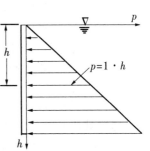

图 2−7　压强 $p = \gamma h$ 的图形

23

（2）解决矛盾的基本思路：

我们从经验就知道，一定的水深处，压强相同，并且附近的压强也变化不大，可以近似地看成不变. 从 $p=\gamma h$ 的函数图像（图 2—7）也可以看出压强 p 是随水深 h 连续变化的. 因此，在水深变化很小的一段上，压强变与不变这对矛盾可以转化，也就是说，可以近似地以不变压强代替变压强.

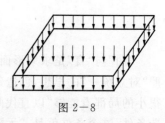

图 2—8

在水深为 h 的地方，在闸门上取一个高为 dh 的小条（图 2—9 中阴影部分），由于 dh 很小，在这一小条上可以近似地看作均匀受压，例如，这一小条各处压强都是水深为 h 处的压强 $p=\gamma h=h$（因为 $\gamma=1$）. 因此，可以近似地求出小条上所受压力 ΔP，即

$$\Delta P \approx 压强 \times 小条面积 = h \times (2 \times dh) = 2hdh$$

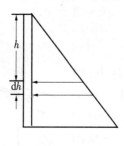
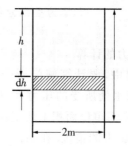

图 2—9

这个近似值叫压力的微分，记为 dP

$$dP = 2hdh$$

从图 2—9 可以看出：dh 越小，压强的变化越小，以不变压强代替变压强就越接近实际情况.

解决问题的基本思路就是：将闸门从上到下分成很多小横条，各横条上水深变化都不大，可以近似地看作压强不变，用均匀受压的公式可算出各小横条所受压力的近似值，再总和起来，就是闸门所受压力的近似值，小横条分的越窄，算出的结果就越精确（图 2—10）.

下面进行具体的计算.

第一步 将闸门从上到下分成很多小横条，各横条的高都是 dh，各小横条的上边线处的水深分别是 $h_1, h_2, h_3, \cdots$，各条上的压力近似值分别是

$$dP_1 = 2h_1 dh, dP_2 = 2h_2 dh, dP_3 = 2h_3 dh, \cdots$$

第二步 将这些微分加起来，得到闸门所受压力 P 的近似值

$$P \approx 2h_1 dh + 2h_2 dh + 2h_3 dh + \cdots$$

无限分窄，近似值无限接近 P 的精确值. 因此，P 的精确值是 $h=0$ 到 $h=3$

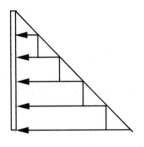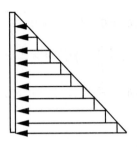

图 2—10

之间微分的无限积累,可以用积分表示如下

$$P=\int_0^3 2h\,\mathrm{d}h$$

下面算出这个积分的数值:

如将闸门分成 10 个小横条,每条宽 $\mathrm{d}h=\dfrac{3}{10}=0.3$.

第 1 条:$h_1=0$,$\mathrm{d}P_1=2\times0\times0.3=0$;

第 2 条:$h_2=0.3$,$\mathrm{d}P_2=2\times0.3\times0.3=2\times(0.3)^2$;

第 3 条:$h_3=0.6$,$\mathrm{d}P_3=2\times0.6\times0.3=2\times2\times(0.3)^2$;

……

第 10 条:$h_{10}=2.7$,$\mathrm{d}P_{10}=2\times2.7\times0.3=2\times9\times(0.3)^2$.

$$P=\int_0^3 2h\,\mathrm{d}h\approx0+2\times(0.3)^2+2\times2\times(0.3)^2+\cdots+2\times9\times(0.3)^2$$

$$=(0+1+2+\cdots+9)\times2\times(0.3)^2=8.1$$

用同样的算法,可求出一串越来越精确的近似值:

分成 100 个小条,$\mathrm{d}h=\dfrac{3}{100}$,$P=\int_0^3 2h\,\mathrm{d}h\approx8.91$;

分成 1 000 个小条,$\mathrm{d}h=\dfrac{3}{1\,000}$,$P=\int_0^3 2h\,\mathrm{d}h\approx8.991$;

分成 10 000 个小条,$\mathrm{d}h=\dfrac{3}{10\,000}$,$P=\int_0^3 2h\,\mathrm{d}h\approx8.9\,991$;

……

可以一直算下去,但是,算出来的总是近似值,怎样求出精确值呢?

上面算出的虽然都是近似值,但是,随着小条越分越细,我们看出近似值就越来越接近于一个数"9",无限分下去,近似值就无限接近"9".分析一下近似值随着分的小条数目而变化的规律,就可以肯定这一点.

若将闸门从上到下分成 n 条,则 $\mathrm{d}h=\dfrac{3}{n}$.

第 1 条:$h_1=0$,$dP_1=2\times0\times\dfrac{3}{n}$;

第 2 条:$h_2=\dfrac{3}{n}$,$dP_2=2\times\dfrac{3}{n}\times\dfrac{3}{n}=2\times\left(\dfrac{3}{n}\right)^2$;

第 3 条:$h_3=\dfrac{3}{n}\times2$,$dP_3=2\times2\times\dfrac{3}{n}\times\dfrac{3}{n}=2\times2\times\left(\dfrac{3}{n}\right)^2$;

······

第 n 条:$h_n=\dfrac{3}{n}\times(n-1)$,$dP_n=2\times(n-1)\times\dfrac{3}{n}\times\dfrac{3}{n}=2\times(n-1)\times\left(\dfrac{3}{n}\right)^2$.

则闸门压力

$$P=\int_0^3 2h\,dh\approx0+2\times\left(\dfrac{3}{n}\right)^2+2\times2\times\left(\dfrac{3}{n}\right)^2+\cdots+2\times(n-1)\times\left(\dfrac{3}{n}\right)^2$$

$$=2\times\left(\dfrac{3}{n}\right)^2\times[0+1+2+\cdots+(n-1)]$$

$$=2\times\left(\dfrac{3}{n}\right)^2\times\left(\dfrac{n(n-1)}{2}\right)^{①}=9\left(1-\dfrac{1}{n}\right)$$

---

① 公式 $1+2+3+\cdots+(n-1)=\dfrac{n(n-1)}{2}$ 的说明.

先看一个实例,设有一批圆钢,按图 2—11 的方法堆放,第一层 9 根,第二层 8 根,······,最上一层 1 根.问:这批圆钢共几根?

设想的

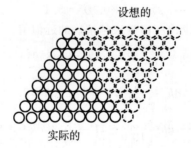

实际的

图 2—11

解 我们设想在这堆圆钢的一侧,如图倒着堆放另一堆相同的圆钢,则每一层都是 10 根,共有 9 层,所以

$$2\times(\text{圆钢根数})=9\times10,\text{圆钢根数}=\dfrac{9\times10}{2}$$

即

$$1+2+3+\cdots+9=\dfrac{9\times10}{2}$$

同理可知

$$1+2+3+\cdots+n=\dfrac{n(n+1)}{2},1+2+3+\cdots+(n-1)=\dfrac{n(n-1)}{2}$$

在 n 无限变大即分的小条数目无限多时，$\dfrac{1}{n}$ 无限变小，接近于"0"，因此，近似值无限接近于"9". 前面已经提到，越分越小越精确，即 n 无限变大，P 的近似值应无限接近于精确值，因此，P 的精确值就是"9".

若水深为 H，用上面所说的方法，可以求得 $h=0$ 到 $h=H$ 时闸门所受的总压力

$$P=\int_0^H 2h\,\mathrm{d}h=H^2(\mathrm{t})$$

即压力 P 是水深 H 的函数，水深是 3 m 时，$P=9$ t；水深是 2 m 时，$P=4$ t.

小　结

在解决压力计算问题时，基本的分析方法与例 2.1 相同，也可以概括为四句话

化整为零无限分，匀代不匀得微分；

积零为整无限和，计算压力求积分.

二、极限概念

在积分的计算中，我们遇到了如何解决将近似转化为精确的矛盾. 解决的办法就是无限分. 所谓无限分，是指一个永远没有完结的细分过程. 以计算闸门压力为例，在每一个分法下，可以得到闸门压力的一个近似值，随着细分过程的无限延续，细分的份数的无限增加，近似值就无限接近精确值. 这就是取极限的概念.

再举一个日常生产中的例子说明极限概念. 钳工师傅锉圆形工件时，先锉出了一个近似圆形的多边形，再用细锉锉就更接近圆形了. 当然，还可以用精密的工具提高精度，但从具体的操作过程看，在有限次的加工过程中所能达到的，总还是一个近似的圆，而不是理想化的圆. 如果把越来越精细的加工过程无限地继续下去，便可做出一个无限（绝对的）精确的圆形工件. 这里，我们从有限的加工过程中，产生了一个在无限加工过程中可以做出绝对精确的圆形工件的概念. 这正是人们由无数相对真理中，去认识绝对真理的唯物辩证法的认识过程. 绝对的东西它不能孤立的存在，如同抽象不能离开具体、一般不能离开个别、无限不能离开有限一样. 我们承认有绝对，但绝对只能存在于相对之中，只有通过无数的相对，才能一步一步地来接近绝对，可是我们永远只能接近，我们永远也不能完成. 极限方法，就是人们从相对中认识绝对，从近似中认识精确的一种数学方法.

在数学上,就是通过分析变量的无限变化过程,得到变量无限接近的那个数,这个数叫作变量的极限.所谓"无限接近",用句俗话说,就是"要多近,有多近."

例如,例2.2中 P 的近似值 $9\left(1-\dfrac{1}{n}\right)$ 的变化过程列表如下(表2—1):

表 2—1

n	10	100	1 000	10 000	⋯
$9\left(1-\dfrac{1}{n}\right)$	8.1	8.91	8.991	8.999 1	⋯

可以看出,随着 n 的无限变大,$\dfrac{1}{n}$ 就无限变小,$9\left(1-\dfrac{1}{n}\right)$ 与 9 的差可以变得"要多小,有多小".所以说,$9\left(1-\dfrac{1}{n}\right)$ 趋向于 9,记为 $9\left(1-\dfrac{1}{n}\right)\to 9$;或说 $9\left(1-\dfrac{1}{n}\right)$ 的极限是 9,记为

$$\lim_{n\to\infty} 9\left(1-\frac{1}{n}\right)=9$$

所谓积分是微分的"无限积累",就是"微分求和,取极限",如

$$\int_0^3 2h\,dh=\lim_{n\to\infty}(2h_1\,dh+2h_2\,dh+\cdots+2h_n\,dh)$$

求变量的极限的认识方法,解决了近似与精确的矛盾,它是微积分中的一个重要算法.

例 2.3 求圆锥的体积.

圆锥是一种常见的几何体.如车床的尾架顶尖,粮囤的尖都是圆锥体;又如盛钢水的钢包,连接粗细管道的锥形管,都是圆锥台(图2—12).圆锥台的体积可用大圆锥体积减去小圆锥体积求出.

为了集中说明基本方法,我们取底半径和高相等的圆锥来进行分析.对于一般的圆锥,分析的方法是一样的.设底半径 $R=5$,高 $H=5$,求圆锥的体积.

解 (1)分析主要矛盾:

我们已经会求圆柱的体积,圆柱直上直下,截面半径不变.求体积公式为

圆柱体积＝底面积×高

圆锥不是直上直下,由于截面的半径逐渐变化,它的截面逐步由大到小地收缩,因此不能用圆柱的公式求体积.为了求圆锥的体积,必须解决截面半径变和不变的问题.

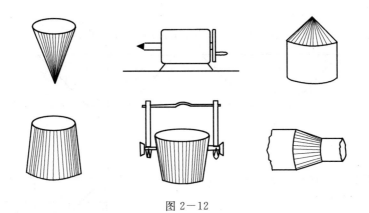

图 2—12

（2）解决矛盾的基本思路：

在生产实践中人们创造了解决截面半径变和不变的方法.建筑工人用一层层的砖逐步收缩,砌出烟囱.烟囱总体是有斜度的,但每一层砖是直上直下的（图 2—13）,生产实践说明了,截面半径变和不变可以在一定的条件下相互转化,一定的条件就是:在很薄的一层上,截面半径变化很小,近似于不变.

29

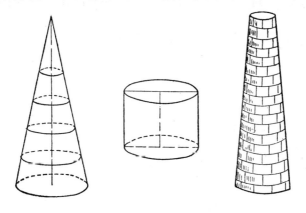

图 2—13

解决矛盾的基本思路就是：将圆锥分成许多薄片,每一薄片的截面半径都变化不大,可用薄圆柱的体积近似薄片的体积,薄片越薄,近似得越好.

下面具体计算圆锥体积.

第一步 将圆锥由下到上分成如图 2—14 的许多薄片,好像一个圆锥形的容器,"一层一层"地往里面倒水,每一薄片高都是 $\mathrm{d}x$（图 2—15）,各薄片底到顶点的距离是 $x_1,x_2,x_3,\cdots$. 各薄片的体积用薄圆柱的体积代替,得到体积的微

分,即

$$dV_1 = \pi x_1^2 dx, dV_2 = \pi x_2^2 dx, dV_3 = \pi x_3^3 dx, \cdots$$

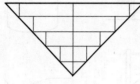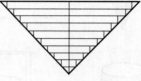

图 2—14

第二步 将这些体积的微分由下到上积累,得到体积的近似值

$$V \approx \pi x_1^2 dx + \pi x_2^2 dx + \pi x_3^2 dx + \cdots$$

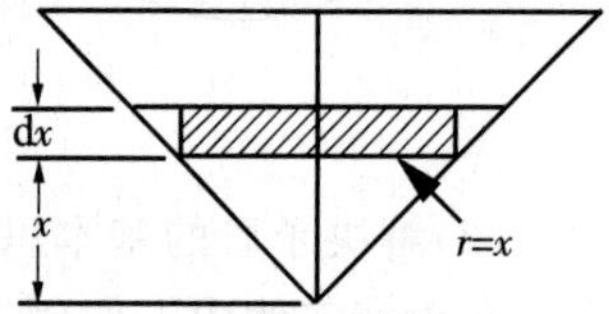

无限分薄,近似值无限接近圆锥体积. 因此,圆锥体积是微分的无限积累.用积分表示如下

$$V = \int_0^5 \pi x^2 dx$$

图 2—15

30

将圆锥体从 $x=0$ 到 $x=5$ 分成 n 个小薄片,每片高 $dx = \dfrac{5}{n}$,把各薄片的体积微分加起来,得到圆锥体积的近似值(注意:$x_1 = 0, x_2 = \dfrac{5}{n}, \cdots, x_n = (n-1)\dfrac{5}{n}$)

$$dV_1 + dV_2 + dV_3 + \cdots + dV_n$$

$$= 0 + \pi \times \left(\frac{5}{n}\right)^3 + \pi \times 2^2 \times \left(\frac{5}{n}\right)^3 + \cdots + \pi \times (n-1)^2 \left(\frac{5}{n}\right)^3$$

$$= \pi \left(\frac{5}{n}\right)^3 [1^2 + 2^2 + 3^2 + \cdots + (n-1)^2]$$

$$= \pi \left(\frac{5}{n}\right)^3 \frac{n(n-1)(2n-1)}{6} \text{①}$$

$$= \frac{\pi}{6} \times 5^3 \times \left(1 - \frac{1}{n}\right)\left(2 - \frac{1}{n}\right)$$

得

---

① 公式 $1^2 + 2^2 + \cdots + (n-1)^2 = \dfrac{n(n-1)(2n-1)}{6}$,推导从略.

$$V=\int_0^5 \pi x^2\,dx \approx \frac{\pi}{6}\times 5^3\times\left(1-\frac{1}{n}\right)\left(2-\frac{1}{n}\right)$$

从这里看到，当 n 不断变大，$\frac{1}{n}$ 不断变小，当 n 无限变大，$\frac{1}{n}$ 无限接近 0，V 的近似值就无限接近于

$$\frac{\pi}{6}\times 5^3\times(1-0)\times(2-0)=\frac{\pi}{6}\times 5^3\times 2=\frac{\pi}{3}\times 5^3$$

$$\begin{aligned}V&=\int_0^5 \pi x^2\,dx=\lim_{n\to\infty}\frac{\pi}{6}\times 5^3\times\left(1-\frac{1}{n}\right)\left(2-\frac{1}{n}\right)\\&=\frac{\pi}{6}\times 5^3\times(1-0)(2-0)=\frac{\pi}{6}\times 5^3\times 2\\&=\frac{\pi}{3}\times 5^3\end{aligned}$$

所以，所求圆锥的体积是：$V=\frac{\pi}{3}\times 5^3\approx 130.9$.

从上面看到，对于底半径与高相等的圆锥，体积的微分都是

$$dV=\pi x^2\,dx$$

设底半径与高都是 H，要求体积，只要将微分从 $x=0$ 积累到 $x=H$，同样的方法可得

$$\text{体积}=\int_0^H \pi x^2\,dx=\frac{1}{3}\pi H^3$$

若高＝5，则体积＝$\frac{1}{3}\times\pi\times 5^3$；若高＝6，则体积＝$\frac{1}{3}\times\pi\times 6^3$. 一般地，如果高为 x，则体积就是 $\frac{1}{3}\pi x^3$，这就是体积随着高 x 变化的规律（图 2－16 所示，体积 V 是高 x 的函数），记为

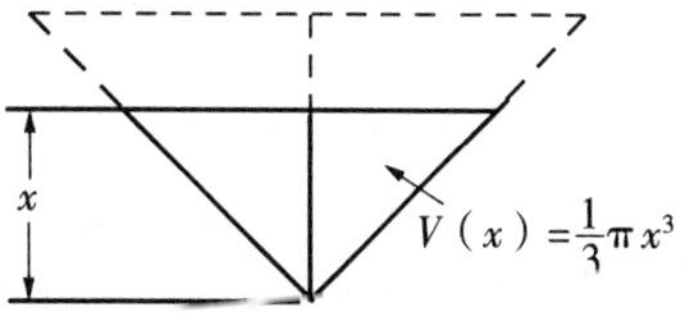

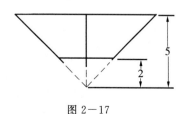

图 2－16

$$V(x)=\frac{1}{3}\pi x^3$$

如果要用积分求出圆锥台（图 2－17）的体积，一方面，体积就是微分 $\pi x^2\,dx$ 由高为 2 积累到高为 5，则

图 2－17

$$\text{圆锥台体积}=\int_2^5 \pi x^2\,dx$$

另一方面，它等于高为 5 的大圆锥体积减去高

为 2 的小圆锥体积,即 $\frac{1}{3} \times \pi \times 5^3 - \frac{1}{3} \times \pi \times 2^3$,这就是体积函数 $V(x) = \frac{1}{3}\pi x^3$

由 $x=2$ 到 $x=5$ 的改变量,记成 $\frac{1}{3}\pi x^3 \Big|_2^5$(符号的意思是将 $x=5$ 代入 $\frac{1}{3}\pi x^3$ 所

得的值减去将 $x=2$ 代入 $\frac{1}{3}\pi x^3$ 所得的值),所以

$$圆锥台体积 = \int_2^5 \pi x^2 \, \mathrm{d}x = \frac{1}{3}\pi x^3 \Big|_2^5 = \frac{1}{3}\pi(5^3 - 2^3) = \frac{117\pi}{3} \approx 122.5$$

一般可得出

$$\int_a^b \pi x^2 \, \mathrm{d}x = \frac{1}{3}\pi x^3 \Big|_a^b$$

对于一般底半径为 R,高为 H 的圆锥,用类似的方法,可以求出体积的微分与体积公式

$$\mathrm{d}V = \pi \left(\frac{R}{H}x\right)^2 \cdot \mathrm{d}x$$

$$V = \int_0^H \pi \left(\frac{R}{H}x\right)^2 \mathrm{d}x = \frac{1}{3}\pi R^2 H$$

三、微积分的基本分析方法和概念

1. 基本分析方法.

上面三个例题虽然解决的是不同的问题,微分、积分代表的实际意义(如面积、压力、体积)也不同,但是要计算的量却有共同的特性,基本的分析方法也是相同的. 从数量关系的角度看,这些量的共同点是:

(1)这些量(如压力、体积等)都是不均匀地分布在某个基本变量的一个变化区间上. 如例 2.2 中水压力,在不同的小横条上,虽然每条的宽都是 $\mathrm{d}h$,也就是小条的面积相同,但水的压力却不同(图 2—18).

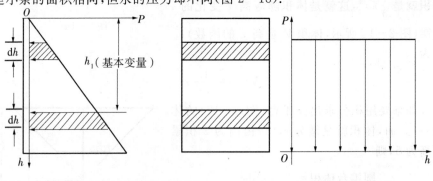

压力随水深不均匀分布　　　　　　　　压力均匀分布

图 2—18

32

例 2.3 中圆锥体积,在不同的薄片上,虽然薄片的高都是 dx,但体积大小却不同(图 2−19).这些都叫作分布不均匀.

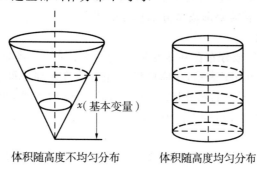

体积随高度不均匀分布　　　　体积随高度均匀分布

图 2−19

(2)对于均匀分布的问题来说,这些量的计算公式都是

常数×基本变量的改变量

的形式,即它与基本变量的改变量成正比(试以图 2−18 及图 2−19 中的情形来说明).而对于不均匀分布,这个计算公式就不能用了.微积分方法就是计算这些不均匀分布量的方法.

计算这些量的基本分析方法可以概括为两条:

一是对比已有知识,找出主要矛盾.例 2.2、例 2.3 中,用已有的均匀分布的知识,不能直接求出这个数量,问题的主要矛盾都是均匀与不均匀的矛盾.具体地说,就是某变量(如例 2.2 中的压强 p,例 2.3 中的截面半径)变与不变的矛盾.这在微积分问题里具有普遍性.

二是创造条件,促成矛盾转化.

第一步 变与不变的矛盾通过分小基本变量的变化区间解决.如例 2.3,就是通过取小薄片,促成矛盾的转化,在小薄片上,截面半径变化不大,近似于不变,得出微分——小薄片体积的近似值

$$dV = \pi x^2 dx$$

第二步 微分无限积累(积分)就是所求量.如例 2.3 圆锥体积

$$V = \int_0^5 \pi x^2 dx$$

当主要矛盾解决后,计算时又产生近似与精确的矛盾,这对矛盾通过取极限的方法解决.微分和的极限就是由有限分到无限分、由近似到精确的数学表达形式,如例 2.3 中

$$V = \int_0^5 \pi x^2 dx = \lim_{n \to \infty} (\pi x_1^2 dx + \pi x_2^2 dx + \cdots + \pi x_n^2 dx)$$

2. 微分和积分的概念.

通过上面的实例,我们概括了微积分的基本分析方法. 为了解决更多更广泛的实际问题,这就需要形成微分和积分的概念.

(1) 微分概念.

设量 F 不均匀地分布在基本变量 x 的一个区间上,将 x 的变化区间分成许多小区间,长度用 $\mathrm{d}x$ 表示,相应地将 F 也分成许多部分量. 用 ΔF 表示相应于小区间 $[x, x+\mathrm{d}x]$ 上的部分量. 在区间 $[x, x+\mathrm{d}x]$ 上以"匀代不匀"即 F 近似为均匀分布,得出部分量的近似值. 这个近似值与 $\mathrm{d}x$ 成正比,叫作微分,记作

$$\mathrm{d}F = f(x)\mathrm{d}x$$

其中 $f(x)$ 是比例系数,又叫微分系数,由于 F 分布的不均匀性,对于不同起点 x 的小区间上,$f(x)$ 是 x 的函数,如例 2.3 中

$$\mathrm{d}V = \pi x^2 \mathrm{d}x$$

比例系数是 πx^2.

用"匀代不匀"的方法得出微分 $\mathrm{d}F$ 来近似部分量 ΔF,误差是多少呢? 以例 2.2 来说明.

从例 2.2 中(图 2—20)我们看出,在 h 到 $h+\mathrm{d}h$ 之间压强 p 是变的,压强 p 的改变量的大小是 $\mathrm{d}h$. 因此,用水深 h 处的压强 $p=h$ 作为整个小条上的压强,误差不超过 $\mathrm{d}h$,这样算出的小条上压力的近似值 $\mathrm{d}p = 2h\mathrm{d}h$,其误差不超过

压强的误差 × 小条面积 $= \mathrm{d}h \times (2 \times \mathrm{d}h) = 2(\mathrm{d}h)^2$

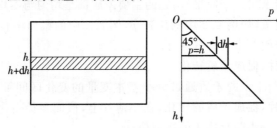

图 2—20

如果 $\mathrm{d}h = 0.01$,用微分作为近似值,误差不超过

$$2(\mathrm{d}h)^2 = 2 \times (0.01)^2 = 0.000\ 2$$

如果 $\mathrm{d}h = 0.001$,用微分作为近似值,误差不超过

$$2(\mathrm{d}h)^2 = 2 \times (0.001)^2 = 0.000\ 002$$

如果 $\mathrm{d}h = 0.000\ 1$,用微分作为近似值,误差不超过

$$2(\mathrm{d}h)^2 = 2 \times (0.000\ 1)^2 = 0.000\ 000\ 02$$

从上面的计算可以看出,当 $\mathrm{d}h$ 无限变小趋于零时,误差 $2(\mathrm{d}h)^2$ 很迅速地变小而趋于零. 我们把趋于零的变量叫作无穷小量. $\mathrm{d}h$ 是无穷小量,误差

$2(\mathrm{d}h)^2$也是无穷小量,比较这两个无穷小量就可以看出它们在趋近于零的快慢上的差别.求这两个无穷小量的比值

$$\frac{2(\mathrm{d}h)^2}{\mathrm{d}h}=2\mathrm{d}h$$

当$\mathrm{d}h\to 0$时,它也趋于零,这说明$2(\mathrm{d}h)^2$比$\mathrm{d}h$趋于零的速度更快.在工程计算上常常用"数量级"来说明这个意思.如10^{-2}是个很小的数,但相对于10^{-5}来说,它却是个不"小"的数,相对于10^{-2}来说,10^{-5}就是个很"小"的数,所以不能用形而上学的观点去理解大和小.如石子的体积相对于地球体积来说是个很小的量,但地球在宇宙间,它的体积则又是小得微不足道了.我们以这些实际中对大和小相对性的认识为基础,在数学上抽象成高阶无穷小的概念.若α和β都是无穷小量,且$\frac{\alpha}{\beta}\to 0$,则称$\alpha$是比$\beta$高阶的无穷小量.

因此说,压力的微分$\mathrm{d}P$近似部分量ΔP,其误差是比$\mathrm{d}h$高阶的无穷小量.

运用这个概念可以进一步认识微分的意义:①微分是部分量的近似值,其误差是比$\mathrm{d}x$高阶的无穷小量;②微分是与$\mathrm{d}x$成正比的.

(2)积分概念.

积分就是微分的无限积累,记作

$$F=\int_a^b f(x)\mathrm{d}x$$

变量x的变化区间是$[a,b]$.详细地说,就是将$[a,b]$分成许多小段,以$\mathrm{d}x$表示其长度,将各段上对应的部分量近似值,即微分$\mathrm{d}F$相加,得到F的近似值

$$F\approx f(x_1)\mathrm{d}x+f(x_2)\mathrm{d}x+\cdots+f(x_n)\mathrm{d}x$$

将$[a,b]$无限分小,分段数n无限增大,即$n\to\infty$,上面的近似值无限接近于F的精确值

$$F=\int_a^b f(x)\mathrm{d}x=\lim_{n\to\infty}[f(x_1)\mathrm{d}x+f(x_2)\mathrm{d}x+\cdots+f(x_n)\mathrm{d}x]$$

这里$f(x)$叫被积函数,x叫积分变量,a和b分别叫积分下限和积分上限.

用求和、求极限的方法,可以得到下面的计算公式,由于推导复杂,此处从略,下节我们将从另外的途径得到这样的公式

$$\int_a^b kx^n\mathrm{d}x=\frac{k}{n+1}x^{n+1}\Big|_a^b=\frac{k}{n+1}(b^{n+1}-a^{n+1})$$

其中k是常数,$n\neq -1$.例如

$$\int_a^b k\mathrm{d}x=kx\Big|_a^b=k(b-a)\qquad\qquad(n=0\text{ 的情形})$$

$$\int_a^b kx\mathrm{d}x=\frac{kx^2}{2}\Big|_a^b=\frac{k}{2}(b^2-a^2)\qquad\qquad(n=1\text{ 的情形})$$

$$\int_a^b kx^2\,\mathrm{d}x = \frac{kx^3}{3}\bigg|_a^b = \frac{k}{3}(b^3-a^3) \qquad (n=2\text{ 的情形})$$

(3)积分的几何意义.

在不同的具体问题里,积分代表不同的量,但在几何上,它有简单直观的意义,即代表曲边梯形的面积.在工程中经常运用这一概念.以积分 $\int_0^1 x^2\,\mathrm{d}x = \frac{1}{3}x^3\bigg|_0^1 = \frac{1}{3}$ 为例阐明积分的几何意义.

记 $y=x^2$,在直角坐标系中,它的图像是一条抛物线,如图 2-21 所示.

微分 $x^2\,\mathrm{d}x$ 是图 2-21(a)中有阴影的小长方形面积,因为

$$\int_0^1 x^2\,\mathrm{d}x = \lim_{n\to\infty}(x_1^2\mathrm{d}x + x_2^2\mathrm{d}x + \cdots + x_n^2\mathrm{d}x)$$

而 $x_1^2\mathrm{d}x + x_2^2\mathrm{d}x + \cdots + x_n^2\mathrm{d}x =$ 小长方形面积之和 $=$ 台阶形面积.

当 n 不断增大,台阶形面积(图 2-21(c)中有阴影部分)不断接近曲线下的面积.当 n 无限变大,台阶形面积就无限接近曲线下的面积.所以积分 $\int_0^1 x^2\,\mathrm{d}x$ 表示在 $[0,1]$ 上抛物线 $y=x^2$ 下的面积.

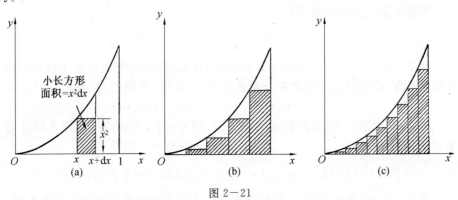

图 2-21

如果 $y=f(x)\geqslant 0$,在直角坐标系中做出它的图形,那么 $\int_a^b f(x)\,\mathrm{d}x$ 等于曲线下的面积(图 2-22).这个图形通常称为曲边梯形.

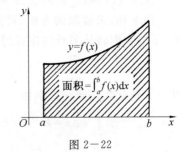

图 2-22

练　习

说明　我们在前面讲到积分公式

$$\int_a^b kx^n\,\mathrm{d}x=\frac{k}{n+1}x^{n+1}\,\bigg|_a^b$$

其中 n 可以是正数、负数、整数、分数、小数,但 n 不能取 -1. 在计算时,还可利用"分项"的方法,如

$$\int_0^2(4-x^2)\,\mathrm{d}x=\int_0^2 4\,\mathrm{d}x-\int_0^2 x^2\,\mathrm{d}x=4x\,\bigg|_0^2-\frac{1}{3}x^3\,\bigg|_0^2=\frac{16}{3}$$

分项的方法可以利用"积分是微分的无限积累"的概念导出.

1. 计算积分

① $\displaystyle\int_1^2 3\,\mathrm{d}x$　　　② $\displaystyle\int_1^2 4x\,\mathrm{d}x$　　　③ $\displaystyle\int_1^2 4x^2\,\mathrm{d}x$

④ $\displaystyle\int_1^2 7x^3\,\mathrm{d}x$　　　⑤ $\displaystyle\int_1^2 7x^4\,\mathrm{d}x$　　　⑥ $\displaystyle\int_0^4 \sqrt{x}\,\mathrm{d}x$

⑦ $\displaystyle\int_1^2(3+4x)\,\mathrm{d}x$　　⑧ $\displaystyle\int_1^2(x+3x^2)\,\mathrm{d}x$

2. 求图 2－23 的曲边梯形 $OABC$ 的面积.

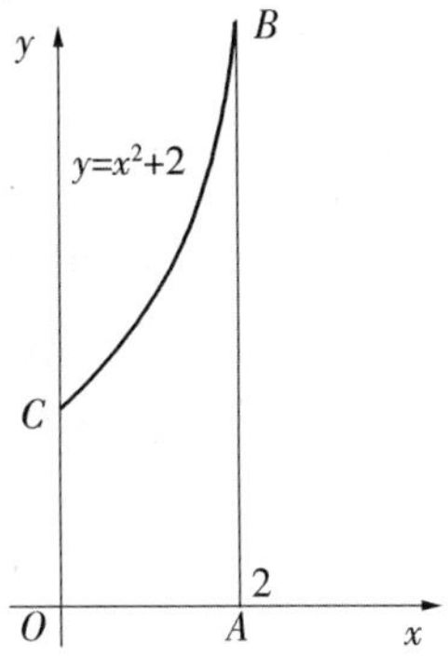

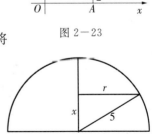

3. 用"切薄片"的方法求半径为 5 的半球体积(图 2－24),利用求出的结果说明半径为 R 的半球体积为 $\frac{2}{3}\pi R^3$,全球体积为 $\frac{4}{3}\pi R^3$(提示:薄片的截面半径 r 与高 x 的关系为 $r^2=5^2-x^2$).

图 2－23

4. 建筑工程中,为了提高效率节省材料,有时将吊车梁做成如图 2－25 的形状,叫鱼腹式吊车梁,曲线 AOB 的方程为 $y=0.000\,085\,1x^2$,求图中阴影部分 $AOBC$ 的面积(提示:图形 OBC 面积等于长方形 $ODBC$ 面积减去曲线图形 ODB 的面积,再乘 2 倍即得图形 $AOBC$ 的面积).

图 2－24

5. 某汽车离合器摩擦片的摩擦力矩是用下面公式计算的

$$M\int_{R_2}^{R_1} 4\pi p r^2\,\mathrm{d}r$$

其中 p 是单位面积上的摩擦力. 已知 $p=0.51\ \mathrm{kg/cm^2}$,$R_2=8.75\ \mathrm{cm}$,$R_1=15\ \mathrm{cm}$,求 M 值.

发动机的最大扭矩是 31 kg·m,按经验,离合器的摩擦力矩要达到最大扭矩的 1.6 倍,如果小了,汽车行驶时就要打滑,如果太大,就要浪费,问此离合器能否达到要求?

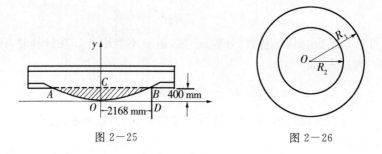

图 2—25　　　　　　　　　　　　图 2—26

第二节　从运动问题进一步分析
微分与积分的内在联系

上一节,我们用"分、合(积累)、求极限"的方法,解决了闸门所受水压力、圆锥的体积等问题. 从这里我们看到,微分、积分这对矛盾,是均匀、不均匀等矛盾的反映. 但是,这样的认识还不够,就拿积分计算来说,用"取和求极限"求积分,计算相当复杂. 经过复杂的计算,我们曾得到了两个计算结果

$$\int_{H_1}^{H_2} 2h\,dh = h^2\Big|_{H_1}^{H_2}, \qquad \int_a^b \pi x^2\,dx = \frac{1}{3}\pi x^3\Big|_a^b$$

显然,h^2 与 $2h\,dh$ 之间,$\frac{1}{3}\pi x^3$ 与 $\pi x^2\,dx$ 之间是互相联系的和具有内部规律的,我们必须结合实际问题去研究这种内在联系.

这一节,我们将从变速运动的速度、路程问题入手,研究它们之间简单而重要的内在联系,使我们对微分、积分这对矛盾的认识进一步深化,从而开辟积分计算的新途径.

一、求变速运动的路程函数

第一章已指出,在实际问题里变速运动是很多的. 下面从最简单的变速运动——自由落体运动,分析计算变速运动路程的基本方法. 这种方法对于一切变速运动都是适用的.

例 2.4　物体由空中下落,在重力作用下,速度越来越大. 由实验可知(忽略空气阻力),每秒速度的增加是 9.8 m/s,称为加速度,以 g 表示,因此速度随

时间变化的函数是

$$v = 9.8t(\text{m/s})$$

问:经过 3 s 后物体下落多少米?

解 (1)分析主要矛盾:

我们已经知道,对于速度不变的匀速运动有公式

路程＝速度×时间

现在落体的速度随时间而变化,要求落体下落的路程,就必须解决速度变和不变这对矛盾.

(2)解决矛盾的基本思路:

一般作变速运动的物体,一方面,速度不断变化,另一方面,速度是逐渐变化的,在很短的一段时间内,速度的变化很小,近似于匀速.时间越短,越近似于匀速.因此,速度变和不变可以在一定的条件下转化.条件就是:在很短的时间内,变速运动近似于匀速运动.

这样,与上节解决问题的方法类似,我们来分析:在任何时刻 t 以后,经一段很短的时间 dt(d 表示很小,t 表示时间,dt 就是很短的时间),物体下落一段很短的路程 Δs(图 2—27),这小段路程我们不知道,但因为 dt 很短,近似于匀速,速度都和时刻 t 的速度差不多,就以时刻 t 的速度 $9.8t$ 代替这小段路程上各点的速度,用匀速运动公式求出这小段路程 Δs 的近似值

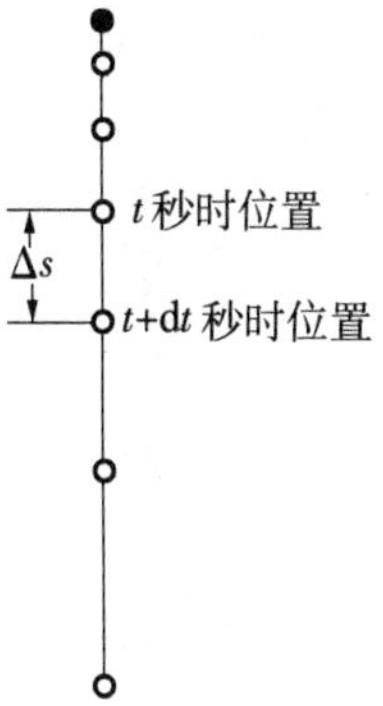

$$\Delta s \approx 9.8t\,dt$$

这就是路程 s 的微分

$$dt = 9.8t\,dt$$

39

t 秒时位置

Δs

$t+dt$ 秒时位置

图 2—27

将 $t=0$ s 到 $t-3$ s 分成很多这样的小段时间区间,求出相应的路程的微分,将它加起来,得到路程的近似值,再使各小段时间无限分短,近似值就无限接近路程的精确值,路程就是

$$s = \int_0^3 9.8t\,dt$$
$$= \lim_{n \to \infty}(9.8t_1\,dt + 9.8t_2\,dt + \cdots + 9.8t_n\,dt)$$

利用上节的结果可以算出

$$s = \int_0^3 9.8t\,dt = \frac{1}{2} \times 9.8t^2 \Big|_0^3 = 44.1 \text{ m}$$

用同样的方法可以求出,由 0 s 到 T s 下落的路程是

$$\int_0^T gt\mathrm{d}t=\frac{1}{2}gT^2, g=9.8 \text{ m/s}^2$$

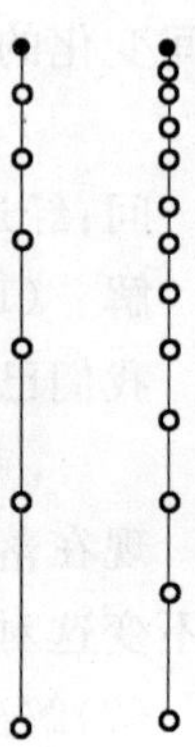

如 1 s 下落 $\frac{1}{2}g\times1^2=4.9$ m，2 s 下落 $\frac{1}{2}g\times2^2=19.6$ m，一

般说，经过 t s 下落的路程是 $\frac{1}{2}gt^2$，这是路程随时间变化的规

律，即路程函数，记成

$$s(t)=\frac{1}{2}gt^2$$

用积分求 1 s 到 3 s 下落的路程，可以如下分析得出：

一方面，由 1 s 到 3 s 下落的路程是微分由 $t=1$ 到 $t=3$ 的
积累，就是积分

$$\int_1^3 gt\mathrm{d}t$$

图 2-28

另一方面，这段路程等于 3 s 下落的路程减去 1 s 下落的路程，即 $\frac{1}{2}g\times$

$3^2-\frac{1}{2}g\times1^2$，这就是路程函数 $s(t)=\frac{1}{2}gt^2$ 由 $t=1$ 到 $t=3$ 的改变量，因此

$$\int_1^3 gt\mathrm{d}t=\frac{1}{2}gt^2\Big|_1^3=\frac{1}{2}g\times3^2-\frac{1}{2}g\times1^2=39.2 \text{ m}$$

练 习

飞机从发动到速度增至一定数值离开跑道飞向天空，是一个变速运动的过程.为了设计跑道的长度，需要知道起飞过程在跑道上滑行的长度.飞机的起飞过程是一个比较复杂的变速运动，但为了大致估算跑道的长度，可以粗略地认为是匀加速运动.

已知某低速飞机开始滑行时按加速度 $a_1=0.95$ m/s² 作匀加速运动，当速度增至 $v_1=19$ m/s 时，飞行员将飞机的前轮提起，此后，按加速度 $a_2=1.2$ m/s 作匀加速运动，当速度增至 $v_2=25$ m/s 时，飞机即可离开跑道飞行.

求整个起飞过程的时间和飞机在跑道上滑行的长度.

（提示：①先求第一段所需时间 t_1，再求第一段长度 $s_1=\int_0^{t_1}0.95t\mathrm{d}t$，②求

第二段所需时间 t_2，再求第二段长度 $s_2=\int_0^{t_2}(19+1.2t)\mathrm{d}t.$）

（答案：时间为 25 s.长度为 300 m）

二、从运动看微分与积分的内在联系——积分是微分的"还原"

前面我们求出了路程 s 随时间变化的规律 $s(t) = \frac{1}{2}gt^2$，但计算相当复杂.

如果微分系数比 gt 再复杂一些（如 t^3，$\sin t$，等等），用前面的"取和求极限"的方法计算积分，就更为复杂，甚至无法计算. 积分计算的这种复杂性，说明我们用"分、合（积累）、求极限"认识微分、积分这对矛盾还有待深化和发展，有待进一步揭露它们的内在联系.

前面我们得到了

$$\int_1^3 gt\mathrm{d}t = \frac{1}{2}gt^2 \Big|_1^3$$

这个式子深刻地反映了变速运动的速度函数 $v(t) = gt$ 与路程函数 $s(t) = \frac{1}{2}gt^2$ 的内在联系. $v(t) = gt$ 与 $s(t) = \frac{1}{2}gt^2$ 是从速度和路程两个不同的侧面反映了同一个自由落体的运动规律. 落体下落路程是随着时间的变化（一小段一小段）连续积累起来的，速度也是随时间逐渐变化的. 路程积累的大小，显然与速度密切相关.

我们来分析落体由 t 到 $t+\mathrm{d}t$ 这段时间内实际下落的路程 Δs，这就是路程函数的改变量，即

$$
\begin{aligned}
\Delta s &= s(t+\mathrm{d}t) - s(t) \\
&= \frac{1}{2}g(t+\mathrm{d}t)^2 - \frac{1}{2}gt^2 \\
&= gt\mathrm{d}t + \frac{1}{2}g(\mathrm{d}t)^2 \\
&= \mathrm{d}s + \frac{1}{2}g(\mathrm{d}t)^2
\end{aligned}
\tag{2-1}
$$

由这里可以看出，路程的改变量 Δs 包括两部分，一部分就是微分 $\mathrm{d}s$（微分系数是速度 $v = gt$），它相当于在 $\mathrm{d}t$ 时间内，以匀速度 gt 运动的小路程. 另一部分是比 $\mathrm{d}t$ 高阶的无穷小量 $\frac{1}{2}g(\mathrm{d}t)^2$，这说明 $\mathrm{d}s$ 是 Δs 中起主要作用的部分（Δs 的两项中抛掉高阶无穷小，就得到 Δs 的近似值——微分）.

路程微分无限积累意味着什么？以求 $\int_1^3 gt\mathrm{d}t$ 为例：

将从 $t=1$ s 到 $t=3$ s 的时间间隔分成相等的 n 小段时间（图 2-29），每小段时间 $\mathrm{d}t = \dfrac{3-1}{n} = \dfrac{2}{n}$，运用我们刚才得到的 Δs 与 $\mathrm{d}s$ 的关系式（2-1），每小段

41

时间内走过的相应路程就是

$$\Delta s_1 = ds_1 + \frac{1}{2}g\left(\frac{2}{n}\right)^2$$

$$\Delta s_2 = ds_2 + \frac{1}{2}g\left(\frac{2}{n}\right)^2$$

$$\cdots$$

$$\Delta s_n = ds_n + \frac{1}{2}g\left(\frac{2}{n}\right)^2$$

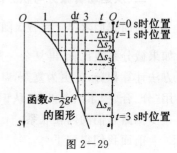

图 2—29

因此

$$\Delta s_1 + \Delta s_2 + \cdots + \Delta s_n$$

$$= ds_1 + ds_2 + \cdots + ds_n + n \cdot \frac{1}{2}g\left(\frac{2}{n}\right)^2$$

$$= ds_1 + ds_2 + \cdots + ds_n + g \cdot \frac{2}{n}$$

等式左端就是 $s(t)$ 的改变量的总和,不论分多少段,它都等于 $s(t)$ 的总改变量 $\frac{1}{2}gt^2\Big|_1^3$,右端当 n 无限增加时,其中误差的积累项 $g \cdot \frac{2}{n}$ 趋向于零,因此

$$\frac{1}{2}gt^2\Big|_1^3 = \lim_{n\to\infty}(ds_1 + ds_2 + \cdots + ds_n) = \int_1^3 gt\,dt$$

这个式子说明,微分的无限积累过程,实际上相当于用 Δs 不断积累,微分系数相当于积累的速度.

从对变速运动的分析中,我们看到了两个从不同侧面反映同一运动规律的关系

$$\Delta s = ds + (高阶无穷小) = v(t)dt + (高阶无穷小) \tag{2—2}$$

$$\int_a^b v(t)dt = \int_a^b ds(t) = s(t)\Big|_a^b \tag{2—3}$$

式(2—2)是微分的计算法——从 $s(t)$ 的小改变量中去掉高阶无穷小,得到微分. 式(2—3)说明了积分,即微分的无限积累,又"还原"为 $s(t)$ 的总改变量. 这种互逆的关系告诉我们,求微分与求积分是互逆的运算,求积分相当于求微分的"还原". 式(2—2)和式(2—3)进一步说明了微分与积分这对矛盾的互相转化关系.

所谓求微分与求积分,只是在不同条件下来研究同一个运动规律. 求微分,是在已知 $s(t)$ 的条件下,求 $v(t)dt$;求积分,是在已知 $v(t)$ 的条件下,求 $s(t)\Big|_a^b$.这就是微积分中的两类问题——一类叫微分问题,相当于已知路程函

数求速度;一类叫积分问题,相当于已知速度函数求路程.

这两类问题,可以用图简明总结一下

$$s=s(t) \xrightarrow[\text{微分运算}]{\text{求 }\Delta s,\text{去掉高阶无穷小}} ds=gtdt$$

$$\mathop{ds}\limits_{(\text{已知量})} \xrightarrow[\text{积分运算}]{\substack{\text{无限分小}\\\text{无限积累}}} s=\int_1^3 gtdt=s(t)\Big|_1^3$$

比较一下,我们看到已知 $s(t)$ 求微分,比起用"取和求极限"算积分是简单得多的.

正反两类运算,一类比较复杂,一类比较简单,这在数学中已经遇到过多次.如求数的平方的计算,比求数的平方根的计算简单.可以先求出一些数的平方列成表,反过来在表上去找就可以得到相应的平方根,如表 2—3.

表 2—3

a	2.5	3	3.5	4	4.5	5
a^2	6.25	9	12.25	16	20.25	25

由表可知 $\sqrt{6.25}=2.5,\sqrt{12.25}=3.5$,等等.

计算积分也有类似的情形.我们可以先求出一些函数的微分列成表,如 $ds=v(t)dt$,反过来可得相应的积分公式:$\int_a^b v(t)dt=s(t)\Big|_b^a$.这就是计算积分的新途径.

对于幂函数来说,上述微分的算法是比较简单的.例如

$$s=t^3$$
$$\Delta s=(t+dt)^3-t^3=3t^2dt+[3t(dt)^2+(dt)^3]$$

其中 $3t(dt)^2+(dt)^3$ 是比 dt 高阶的无穷小,抛掉这个高阶无穷小,就得到微分

$$ds=3t^2dt$$

知道了幂函数的微分公式,求幂函数的积分就是一件很容易的事了.

例如,求 $\int_1^2 3t^2dt$.

因为 $d(t^3)=3t^2dt$,所以

$$\int_1^2 3t^2dt=t^3\Big|_1^2=2^3-1^3=7$$

一般地说,用这样的方法可以得到上节写出的相同的公式

$$\int_a^b kdt=kt\Big|_a^b$$

$$\int_a^b kt\,\mathrm{d}t = \frac{k}{2}t^2\,\Big|_a^b$$

$$\int_a^b kt^2\,\mathrm{d}t = \frac{k}{3}t^3\,\Big|_a^b$$

$$\cdots$$

$$\int_a^b kt^n\,\mathrm{d}t = \frac{k}{n+1}t^{n+1}\,\Big|_a^b \qquad (k,a,b\text{ 是常数},n\neq-1)$$

如

$$\int_1^2 5t^3\,\mathrm{d}t = \frac{5}{4}t^4\,\Big|_1^2 = \frac{5}{4}(2^4-1^4)$$

$$= \frac{5}{4}\times15 = \frac{75}{4} \qquad (n=3,k=5,a=1,b=2)$$

按照上述计算积分的新途径

$$\int_a^b \mathrm{d}s(t) = s(t)\,\Big|_b^a$$

就是将积分运算看作微分运算的逆运算. 这样,我们对微分与积分的内在联系的认识就更深入,积分问题与微分问题是两个相反的问题,并且明确了要解决积分的计算问题,必须首先解决微分的计算问题.

前面我们只着重研究了积分问题,对于微分问题只是结合运动等具体问题简单地分析了幂函数类型的情形,对于其他比较复杂的函数,如三角函数 $s(t)=50\sin\omega t$,还必须深入研究. 同时,我们对微分与积分上述内在联系的认识还停留在运动问题上,所以着重研究更广泛的微分问题,是深入地认识微分与积分内在联系的普遍规律和解决计算的需要,更是生产实践的需要. 从运动问题就可以看出,微分问题就是已知路程求速度的问题(因为微分系数就是速度),更一般地说,就是变化率问题. 这是生产实践中常常遇到的一类重要问题,下一节就着重研究它.

第三节 变化率和微积分的基本公式

什么是变化率? 先从日常实践中举出一些例子来说明它.

一辆汽车的速度是每小时四十千米,40 km/h 这个数就是路程对时间的变化率.

某钢厂二月到三月增产钢一千吨,1 000 t/月这个数就是产量对月份的变化率. 从图 2—30 上看,变化率大,箭头线越陡,说明产量增长得越快.

某水渠水位每涨高一米,流量就增大十立方米,10 m³/m 这个数就是流量相对于水位的变化率,它表示了流量相对于水位增长的快慢.

概括地说,变化率就是一个变量相对于另一个变量的变化"速度".

一、实践中的变化率问题

在实际问题中,常常要研究变速运动的速度、曲线的切线等问题.

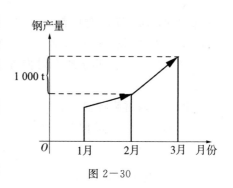

图 2—30

如我国第一颗人造地球卫星(图 2—31(a)),在运行中由于离地球的距离不断变化,受到地球的引力也不断变化,因此运行速度也不断变化,要研究它的运动规律,就需要分析速度变化的情况.

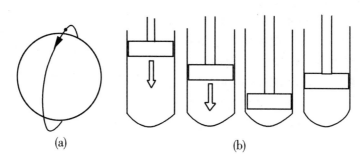

图 2—31

如发动机汽缸活塞、油压机油缸柱塞,都是作往复的变速运动,以油压机柱塞往复运动(图 2—31(b))为例,柱塞一会儿快一会儿慢,造成压油不均匀的现象,这就需要掌握速度变化的规律,采用多泵组合的办法克服压油不均匀的现象.

又如用程控铣床加工工件,要知道铣刀中心位置变化的规律,就需要会求曲线的切线斜率;研究抛物镜的聚光问题、轴和梁的弯曲变形问题,也需要会求曲线的切线斜率(后面将介绍什么叫斜率).求速度、求曲线的切线斜率等问题,叫变化率问题.由于曲线的切线斜率比较直观,下面先研究它,而后研究速度.

例 2.5 切线斜率问题.

探照灯为什么能把灯泡发出的光大部分变成平行光束(图 2—32)呢?因为灯泡后面有一个反光镜,反光镜是一个类似于碗状的曲面,灯泡所在的位置叫焦点,曲面是由抛物线绕轴旋转而成的,因此叫旋转抛物面.它把所有由焦点射向曲面的光,经反射后都成为平行于曲面旋转轴的光,因此它能把大部分光变成平行光束射出(还有一小部分光不射向曲面,叫散光).

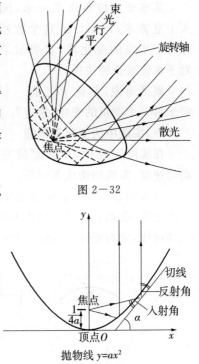

图 2—32

用一块通过旋转轴的平面截这个曲面,得到一条如图 2—33 的曲线. 这条曲线在直角坐标系中的方程是 $y=ax^2$,a 是常数,它就是抛物线.焦点在轴上,它到顶点的距离为 $\frac{1}{4a}$.

为什么抛物线有这样的性质呢? 这可以从几何关系上,根据光线的入射角应等于其反射角的原理来证明. 由于光线是射在曲线上,它的入射角与反射角分别是入射光线与反射光线和曲线的切线所夹的角度(图 2—33). 因此,就需要知道抛物线 $y=ax^2$ 上任意点的切线位置.要确定切线的位置,只要能确定切线和 x 轴的夹角 α 即可(图 2—33).α 表示了切线倾斜的情况,叫切线的倾角.倾角的正切 $\tan\alpha$ 叫切线的斜率.

图 2—33

46

下面以抛物线 $y=x^2$ 为例,分析如何求出任意点的切线的斜率.

(1)分析主要矛盾:

要求抛物线 $y=x^2$ 在点 A 处的切线斜率,只要知道切线上任意两点的坐标 (x_1,y_1),(x_2,y_2),就可以用公式

$$斜率=\frac{y_2-y_1}{x_2-x_1}$$

求出它的斜率来.但我们只知道抛物线上点的坐标和切线上点 A 的坐标,而抛物线上除去点 A 外,都不在切线上. 所以这个公式不能直接应用. 这又是曲和直的矛盾. 但是,现在曲线是已知的.

(2)解决矛盾的方法:

因为切线是对抛物线而言的,所以它与抛物线是密切相关的. 我们不但要看到曲线上点 A 与切线有关,而且要看到其他各点与切线的关系,这样才能解决这个矛盾.

工人在画线遇到作曲线的切线时,常是用钢尺贴着点 A,不断转动钢尺来找到切线位置(图 2—34),这个过程就是把钢尺放到曲线上,除去点 A 外,常要与曲线在另一个点 B 相交,成为曲线的一条割线,逐渐转动钢尺直到与曲线只在一点相切,这时钢尺的位置就是切线的位置. 这样转动钢尺,就是使点 B 越来越贴近点 A,在点 B 与点 A 很接近时,曲线 AB 也就接近切线了,这

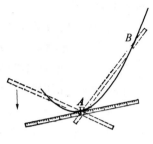

图 2—34

时用曲线上的点可以近似看作是切线上的点.因此在点 B 无限贴近点 A 的条件下,曲和直这对矛盾就互相转化了.

工人利用割线促成曲直矛盾转化求出切线的方法,正是我们利用曲线上的点求切线斜率的数学方法的实际背景.

(3)求切线的斜率:

过点 A 作抛物线的割线,与抛物线交于另一点 B,先求割线 AB 的斜率.设点 A 的坐标是 (x,y),点 B 的坐标是 $(x+\Delta x,y+\Delta y)$,点 A,点 B 都是抛物线上的点,则

$$y=x^2,\ y+\Delta y=(x+\Delta x)^2=x^2+2x\Delta x+(\Delta x)^2$$

两式相减,得

$$\Delta y=2x\Delta x+(\Delta x)^2$$

割线 AB 的斜率 m_{AB} 就是 A,B 两点纵坐标之差 Δy 与横坐标之差 Δx 之比,即

$$m_{AB}=\frac{\Delta y}{\Delta x}=\frac{2x\Delta x+(\Delta x)^2}{\Delta x}=2x+\Delta x$$

能不能用 m_{AB} 作为切线的斜率呢? 不行,只有在点 B 无限贴近点 A 的条件下,割线才无限贴近切线.

点 B 沿曲线无限贴近点 A 时,Δx 无限变小,割线就在转动,它的斜率 m_{AB} 也跟着变,而且无限接近切线 AT 的斜率,所以切线的斜率

$$m_A=\lim_{\Delta x\to 0}m_{AB}=\lim_{\Delta x\to 0}\frac{\Delta y}{\Delta x}=\lim_{\Delta x\to 0}(2x+\Delta x)=2x$$

于是得到抛物线 $y=x^2$ 在点 $A(x,y)$ 的切线斜率是 $m_A=2x$.抛物线上不同的点,x 不同,切线斜

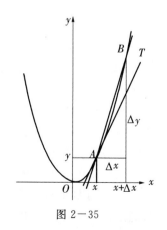

图 2—35

47

率也不同,例如:

在点 $(1,1)$ 处的切线斜率是 $m = 2 \times 1 = 2$.

在点 $(0,0)$ 处的切线斜率是 $m = 2 \times 0 = 0$.

在点 $(-2,4)$ 处的切线斜率是 $m = 2 \times (-2) = -4$.

在抛物线上作切线,可以验证这些结果是正确的.

从 $\Delta y = 2x\Delta x + (\Delta x)^2$ 可以看出,在 Δx(即 $\mathrm{d}x$)$\to 0$ 时,由于 $(\mathrm{d}x)I^2$ 是相对于 $\mathrm{d}x$ 的高阶无穷小量,忽略掉 $(\mathrm{d}x)^2$ 就得到 Δy 的近似值:$2x\Delta x$(Δx 也可写成 $\mathrm{d}x$),即微分

$$\mathrm{d}y = 2x\mathrm{d}x$$

因此

$$\text{切线斜率} = 2x = \frac{\mathrm{d}y}{\mathrm{d}x}$$

上面用的方法,可以推广到求一般曲线的切线斜率(图 $2-36$).

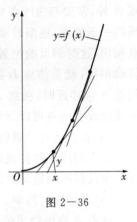

图 $2-36$

设曲线方程是

$$y = f(x)$$

要求曲线在点 A(坐标为 (x,y))处的切线斜率,就在曲线上点 A 附近另取一点 $B(x+\Delta x, y+\Delta y)$($\Delta x$ 是 x 的改变量,Δy 是 y 的改变量),则

$$\text{割线 } AB \text{ 的斜率} = \frac{\Delta y}{\Delta x}$$

得到点 A 处曲线的切线斜率 $= \lim\limits_{\Delta x \to 0} \frac{\Delta y}{\Delta x}$.

这个例题看起来是几何问题,实际上切线的斜率反映了 y 对 x 变化的快慢(图 $2-36$). 切线斜率大,表示 y 随 x 变化快.因此,斜率可以说是 y 对 x 的变化率.

例2.6 求偏心驱动的柱塞速度.

第一章讨论过偏心驱动机构,图 $2-37$ 是其示意图. 设滑块 A 到圆盘中心的距离 $OA = 50$ mm,圆盘每秒转过 ω 弧度的角.

因为柱塞 D 与滑槽 BC 连在一起,所以柱塞的位移 s 就是滑槽 BC 上下的位移 AE. 由图 $2-37$ 可知,$AE = 50\sin\varphi$,φ 是滑 A 的转角,因为每秒转 ω 弧度角,所以 t s 转 $\varphi = \omega t$ 弧度角,因此

$$s = 50\sin\omega t$$

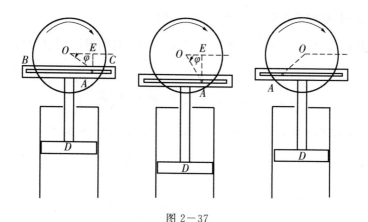

图 2—37

问:在时刻 t,柱塞的速度是多少?

解 (1)分析主要矛盾.

我们会求匀速运动的速度

$$速度 = \frac{路程}{时间}$$

现在速度随时间变化,公式不能用.因此,主要矛盾是:速度变与不变的矛盾.

(2)解决矛盾的方法.

同分析微分、积分问题一样,在任何一小段时间内,速度变化不大,近似于匀速. 取 t 到 $t+\Delta t$ 一段很短的时间,路程的改变量是

$$\Delta s = 50\sin[\omega(t+\Delta t)] - 50\sin \omega t$$

在这段时间 Δt 里,按匀速运动计算,得

$$平均速度 = \frac{\Delta s}{\Delta t}$$

因此,时刻 t 的速度

$$v(t) \approx \frac{\Delta s}{\Delta t}$$

为了得到速度的精确值,应把 Δt 取无限小.这里我们又遇到了近似和精确的矛盾.同解决积分问题一样,我们用极限方法来促成这对矛盾的转化:因为 $\frac{\Delta s}{\Delta t}$ 的大小是随 Δt 改变的,我们只要研究当 $\Delta t \to 0$ 时,$\frac{\Delta s}{\Delta t}$ 的极限是什么,就可以由近似到精确,得到时刻 t 的速度

$$v(t) = \lim_{\Delta t \to 0} \frac{\Delta s}{\Delta t}$$

实践证明,这样求得的速度是符合实际的.

下面进行具体计算.为了便于求出 $\frac{\Delta s}{\Delta t}$ 在 $\Delta t \rightarrow 0$ 时的极限,我们利用三角公式

$$\sin\alpha - \sin\beta = 2\cos\frac{\alpha+\beta}{2}\sin\frac{\alpha-\beta}{2}$$

将 Δs 的式子改变形式.只要取 $\alpha = \omega t + \omega\Delta t, \beta = \omega t$,则 Δs 变为

$$\Delta s = 50[\sin(\omega t + \omega\Delta t) - \sin\omega t] = 100\cos\left(\omega t + \frac{\omega\Delta t}{2}\right)\sin\frac{\omega\Delta t}{2}$$

平均速度是

$$\frac{\Delta s}{\Delta t} = \frac{100\cos\left(\omega t + \frac{\omega\Delta t}{2}\right)\sin\frac{\omega\Delta t}{2}}{\Delta t}$$

$$= 50\omega\cos\left(\omega t + \frac{\omega\Delta t}{2}\right)\cdot\frac{\sin\frac{\omega\Delta t}{2}}{\omega\Delta t}$$

当 Δt 无限接近零,$\frac{\omega\Delta t}{2}$ 也无限接近零,所以 $\cos\left(\omega t + \frac{\omega\Delta t}{2}\right)$ 无限接近 $\cos\omega t$.

下面来分析 $\frac{\sin\frac{\omega\Delta t}{2}}{\frac{\omega\Delta t}{2}}$ 无限接近什么数.记 $\alpha_1 = \frac{\omega\Delta t}{2}$,只要分析当 α_1 无限接近零时,$\frac{\sin\alpha_1}{\alpha_1}$ 无限接近什么数即可,这可列表 2-3 分析.

表 2-3

α_1	0.5	0.1	0.05→0
$\frac{\sin\alpha_1}{\alpha_1}$	0.958 9	0.998 3	0.999 6→1

由表可见,当 α_1 无限接近零时,$\frac{\sin\alpha_1}{\alpha_1}$ 无限接近 1,即

$$\lim_{\alpha_1\rightarrow 0}\frac{\sin\alpha_1}{\alpha_1} = 1$$

所以

$$\frac{\Delta s}{\Delta t} = \frac{50\omega\cos\left(\omega t + \frac{\omega\Delta t}{2}\right)}{\cos\omega t}\cdot\frac{\sin\frac{\omega\Delta t}{2}}{\frac{\omega\Delta t}{2}}$$

由此可知,在 t s 时的速度为

$$v(t) = \lim_{\Delta t \to 0} \frac{\Delta s}{\Delta t} = 50\omega\cos\omega t \cdot 1 = 50\omega\cos\omega t$$

由第二节可知,路程的微分是

$$\mathrm{d}s = v(t)\mathrm{d}t$$

所以速度也可用微分表示

$$v(t) = \frac{\mathrm{d}s}{\mathrm{d}t}$$

如

位移　　$s = 50\sin\omega t$

速度　　$\dfrac{\mathrm{d}s}{\mathrm{d}t} = 50\omega\cos\omega t$

若圆盘每秒转 2 转,则每秒转过 $\omega = 4\pi$ 弧度的角,这时

位移　　$s = 50\sin 4\pi t$

速度　　$\dfrac{\mathrm{d}s}{\mathrm{d}t} = 50 \times 4\pi\cos 4\pi t = 200\pi\cos 4\pi t$

上面由路程求速度的方法,对于一般变速运动都适用,若路程随时间变化的规律为 $s = s(t)$,则任何时刻 t 的速度

$$v(t) = \lim_{\Delta t \to 0} \frac{\Delta s}{\Delta t}$$

二、变化率概念及其与微分的关系

1. 变化率概念.

以上两个例子,一个是切线斜率,一个是速度,它们的共同点都是因变量相对于自变量的变化速度. 变化率就是这类问题的概括.

设 y 是 x 的函数 $y = y(x)$,y 对 x 的变化速度叫 y 的变化率. 记作 y' 或 $y'(x)$. y 叫变化率 y' 的原函数.

设自变量由 x 变到 $x + \Delta x$,函数的改变量是 Δy,则变化率是

$$y' = \lim_{\Delta x \to 0} \frac{\Delta y}{\Delta x}$$

变化率也叫导数.

例 2.5 中,函数 $y = x^2$ 的变化率是切线斜率

$$y' = 2x$$

$y = x^2$ 是 $y' = 2x$ 的原函数.

例 2.6 中,位置函数 $s(t) = 50\sin\omega t$ 的变化率就是速度函数

$$s'(t) = v(t) = 50\omega\cos\omega t$$

$v(t) = 50\omega\cos\omega t$ 的原函数是 $s(t) = 50\sin\omega t$.

变化率的例子很多. 如电学中电流就是电量对时间的变化率.

与例 2.5 类似,可以推出幂函数的变化率计算公式. 设 $y = x^n$,则 $y' = nx^{n-1}$.

与例 2.6 类似,可以得到正弦函数的变化率计算公式,设 $y = \sin\omega x$,则 $y' = \omega\cos\omega x$,当 $\omega = 1$ 时,$y = \sin x$,则 $y' = \cos x$.

完全相同的方法,可得余弦函数的变化率计算公式. 设 $y = \cos\omega x$ 则 $y' = -\omega\sin\omega x$. 当 $\omega = 1$ 时,$y = \cos x$,则 $y' = -\sin x$.

以上计算公式可列表 2—4.

表 2—4

函数	变化率
常数	0
x	1
x^2	$2x$
x^n	nx^{n-1}
$\sin x$	$\cos x$
$\cos x$	$-\sin x$
$\sin\omega x$	$\omega\cos\omega x$
$\cos\omega x$	$-\omega\sin\omega x$

说明一下,常数是不变的数,所以变化率是零;公式 $(x^n)' = nx^{n-1}$ 对于 n 等于任何数值都成立.

2. 变化率与微分的关系.

变化率是函数变化的速度,当自变量取很小的改变量 $\mathrm{d}x$($\mathrm{d}x$ 与 Δx 是一回事,在微分问题中,为了与微分记号 $\mathrm{d}y$ 中的"d"一致,都用 $\mathrm{d}x$),将函数的变化速度近似看成不变,就得函数改变量 Δy 的近似值 $\mathrm{d}y$

$$\Delta y \approx y'\mathrm{d}x$$

所以,函数的微分就是

$$\mathrm{d}y = y'\mathrm{d}x$$

这说明微分系数就是变化率.

对于一个已知函数,只求出变化率,就可得到微分,如

$$y = x^2, \quad y' = 2x, \quad \mathrm{d}y = 2x\mathrm{d}x$$

变化率还可以写成微分之商的形式

$$y' = \frac{\mathrm{d}y}{\mathrm{d}x}$$

因此,变化率又叫微商(即微分之商). 如

$$y = x^2, \frac{\mathrm{d}y}{\mathrm{d}x} = 2x$$

求变化率的方法又叫微分法.

3. 变化率与微分的几何意义.

以 $y = x^2$ 为例, $y' = 2x$ 是曲线切线的斜率
(图 2—38)

$$y' = \tan \alpha$$

现来看微分 $\mathrm{d}y = y' \mathrm{d}x$ 的几何意义,由图
2—38可见

$$\mathrm{d}y = y'\mathrm{d}x = \tan \alpha \cdot AB = \frac{BC}{AB} \cdot AB = BC$$

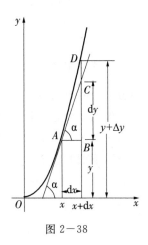

图 2—38

所以微分就是切线上纵坐标的改变量.

从图中可见,如以微分 $\mathrm{d}y = BC$ 近似函数的改变量 $\Delta y = BD$,即 $\Delta y \approx \mathrm{d}y$,
其误差为 CD. 当 $\mathrm{d}x$ 很小时,误差 CD 很小,则切线上纵坐标的改变量(即微
分),可以很近似曲线上 y 的改变量(即 Δy),简单地说,就是可以用直线(切线)
近似曲线.

我们得出结论:变化率是切线斜率;微分是当自变量改变 $\mathrm{d}x$ 时,切线纵坐
标的改变量.

练　习

1. 分别求 $y = x, y = x^2, y = x^3$ 三条曲线在任何一点上的切线斜率是什么?

2. 设有抛物线 $y = \frac{1}{12} x^2$,求它在任何一点上的切线斜率,分别画出在
$(2, 0.33)$ 和 $(3, 0.75)$ 两点上的切线.

3. 求正弦曲线 $y = \sin x$ 在任何一点上的切线斜率,画出正弦曲线,再分别
画出在 $(0, 0)$ 和 $\left(\frac{\pi}{2}, 1\right)$ 两点上的切线.

4. 求下列函数的变化率和微分:

① $y = x^5$;② $y = \sin 4x$;③ $y = \cos 4x$.

5. 交流电电量随时间的变化关系是 $Q = A\sin \omega t, A, \omega$ 都是常数,求电流 i

53

随时间变化的关系.

(提示:电流是电量的变化率)

三、微积分的基本公式

在第二节中,我们以运动问题为例说明了微分与积分的关系,并得到公式

$$\int_a^b v(t)\mathrm{d}t = s(t)\Big|_b^a$$

运用变化率概念则有 $v(t) = \dfrac{\mathrm{d}s}{\mathrm{d}t} = s'(t)$,这说明: $v(t)$ 的积分值等于 $v(t)$ 的原函数 $s(t)$ 的改变量.

一般的积分是否也是被积函数的原函数的改变量呢?"由于每一个事物内部不但包含了矛盾的特殊性,而且包含了矛盾的普遍性,普遍性即存在于特殊性之中",下面我们依据微分、积分、变化率等概念,"循此继进,使用判断和推理的方法,就可产生出合乎论理的结论来."

设要计算积分 $\int_a^b f(x)\mathrm{d}x$,若函数 $F(x)$ 是 $f(x)$ 的原函数,则

$$F'(x) = f(x), \mathrm{d}F = F'\mathrm{d}x = f(x)\mathrm{d}x$$

积分 $\int_a^b f(x)\mathrm{d}x$ 是微分 $\mathrm{d}F$ 的无限积累. 由微分概念, $\mathrm{d}F$ 是小改变量 ΔF 的近似值,在 $F'(x)$ (即 $f(x)$)是连续变化的条件下,误差的积累趋于零(从第一节例 2.2 就可看出).因此,微分的无限积累等于小改变量 ΔF 的总和,而在 $x=a$ 到 $x=b$ 之间全部小改变量的总和等于 $F(x)$ 的总改变量

$$F(b) - F(a)$$

因此

$$\int_a^b f(x)\mathrm{d}x = F(x)\Big|_a^b = F(b) - F(a)$$

其中 $F(x)$ 是 $f(x)$ 的原函数.

这个公式叫作微积分的基本公式.公式告诉我们,要求被积函数 $f(x)$ 的积分,就要找出 $f(x)$ 的原函数 $F(x)$.因此,求积分就是求满足

$$F'(x) = f(x)$$

的函数 $F(x)$,就是求变化率的逆运算.

根据这个公式计算积分,只要能求出被积函数的原函数就好算了.

例 2.7 求 $\int_1^2 3x^2\mathrm{d}x$, $\int_{\pi/6}^{\pi/2} \cos x\mathrm{d}x$.

因为 $(x^3)' = 3x^2$, x^3 是 $3x^2$ 的原函数,所以

$$\int_1^2 3x^2\,\mathrm{d}x = x^3\,\big|_1^2 = 2^3 - 1^3 = 8 - 1 = 7$$

因为 $(\sin x)' = \cos x$，$\sin x$ 是 $\cos x$ 的原函数，所以

$$\int_{\pi/6}^{\pi/2} \cos x\,\mathrm{d}x = \sin x\,\big|_{\pi/6}^{\pi/2} = \sin\frac{\pi}{2} - \sin\frac{\pi}{6}$$

$$= 1 - \frac{1}{2} = \frac{1}{2}$$

微积分的基本公式，对于微分和积分这对矛盾的转化做出了普遍性的结论. 如何解决实际问题中各种函数的微积分计算问题，就是我们当前的主要问题. 那么，在下面两章中，分别研究函数的变化率和积分的计算与应用.

练　　习

求曲线 $y = \sin x$ 在 $x = 0$ 到 $x = \dfrac{\pi}{2}$ 之间的面积(图 $2-39$).

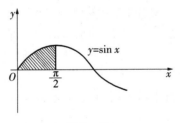

图 $2-39$

第三章　微分和变化率的计算与应用

在前两章中,我们从面积、体积问题,速度路程问题和切线问题等一些特殊事物着手,分析了微分和积分这对矛盾的发展和转化,并"由特殊到一般",进一步概括,认识了它们共同的本质,形成了微积分的基本概念.

下面,我们就以这种共同的认识为指导,继续地向着尚未研究过的或者尚未深入地研究过的各种具体的事物进行研究.按照"由特殊到一般,又由一般到特殊"的原则,不断地深化我们的认识,通过应用,逐步掌握微积分的基本方法.

微积分有两类问题:一类是微分问题,一类是积分问题.第二章中分析了这两类问题的内在联系.这一章中,先讨论微分问题.因为,一方面,在生产实际中,经常要研究各种运动的微分规律,如求运动的速度、加速度,以及求最大、最小值等;另一方面,我们深入研究了微分的计算方法,就为积分的计算创造了条件.

科学是反映实际、是讲实际的道理.我们要从客观实际出发,在分析实际问题中加深概念,在解决实际问题中总结规律,把概念、计算和应用结合起来.讲计算时,既要有明确的目的性,又要有必要的系统性;讲应用时,既要从实际出发解决问题,又要加深概念,培养一定的计算能力.

第一节　复习和应用

在进行这一章的内容之前,先复习一下有关的已有知识.

一、变化率与微分概念

设有函数 $y = f(x)$,x 有改变量 Δx 时,y 相应有改变量 Δy,则变化率

$$y' = \frac{dy}{dx} = \lim_{\Delta x \to 0} \frac{\Delta y}{\Delta x}$$

变化率反映了函数变化的快慢.路程 s 对时间 t 的变化率是速度 $v = \frac{ds}{dt}$. 函数图像的纵坐标 y 对横坐标 x 的变化率是切线斜率 $\tan \alpha = \frac{dy}{dx}$. 变化率为正值时,$x$

增大 y 也增大,我们称函数 y 是递增的(图 3—1);变化率为负值时,x 增大 y 减小,我们称函数 y 是递减的(图 3—2).

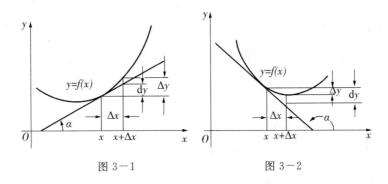

图 3—1　　　　　　　　　图 3—2

　　微分 $dy = y'dx$ 是函数改变量 Δy 的近似值,dy 与 Δy 之差是比 dx 高阶的无穷小量.在图形上,dy 相当于切线的纵坐标的改变量.用微分代替改变量,实际上就是第二章中讲过的"以直代曲"或"匀代不匀",它是解决非均匀变化问题的数学工具. 57

二、已学过的微分公式

第二章中我们已学过下列一些具体函数的微分公式:

1. $y=a$(常数),　　　　$dy=0$,　　　　　　$y'=0$.

2. $y=x^n$,　　　　　　$dy=nx^{n-1}dx$,　　$y'=nx^{n-1}$.

3. $y=\sin x$,　　　　　$dy=\cos xdx$,　　　$y'=\cos x$.

4. $y=\cos x$,　　　　　$dy=-\sin xdx$,　　$y'=-\sin x$.

现在对以上公式作几点补充说明:

1. $y=a$ 是个常量(图 3—3),x 增大时,y 不变,变化率为零.

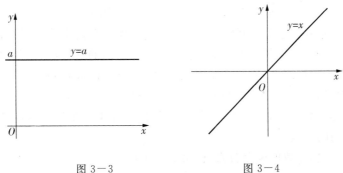

图 3—3　　　　　　　　　图 3—4

2. $y=x^n$ 的公式，n 是任意数（包括分数、负数等）时都成立. 例如，当 $n=1$ 时，$y=x$（图 3-4），有

$$y'=1$$

即变化率恒等于 1.

当 $n=\dfrac{1}{2}$ 时，$y=x^{\frac{1}{2}}=\sqrt{x}$（图 3-5），有

$$y'=(x^{\frac{1}{2}})'=\frac{1}{2}x^{\frac{1}{2}-1}=\frac{1}{2}x^{-\frac{1}{2}}$$

即

$$(\sqrt{x})'=\frac{1}{2\sqrt{x}}$$

当 $n=-1$ 时，$y=x^{-1}=\dfrac{1}{x}$（图 3-6），有

$$y'=(x^{-1})'=-1\times x^{-1-1}=-x^{-2}$$

即

$$\left(\frac{1}{x}\right)'=-\frac{1}{x^2}$$

58

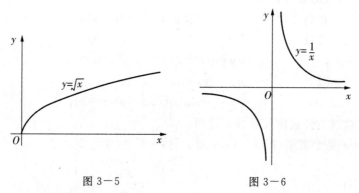

图 3-5   图 3-6

世界上的事物是千差万别的，每个具体函数的变化率反映了该函数的变化规律. 幂函数虽然有统一的微分公式，反映了它们的共同性，但是，成为我们认识事物的基础的东西，则是必须注意它的特殊性. 因此也要注意幂函数之间的质的区别，如 $n>1$ 与 $n<1$ 和 $n>0$ 与 $n<0$ 时幂函数的图像形状上升下降等情况都是不同的. 掌握这些特点，才能灵活地运用这些数学工具，研究实际问题，指导我们的实践.

3. 关于三角函数的微分公式，在第二章中得到

$$(\sin\omega t)'=\omega\cos\omega t,\ (\cos\omega t)'=-\omega\sin\omega t$$

在后面我们还要详细讨论这个问题.

练 习

1. 求下列函数的变化率和微分

$$x^5, x, \frac{1}{x^2}, \frac{1}{\sqrt{x}}, x^{-1.4}$$

2. 求 $y = \sqrt{x}$ 在下列各点的切线斜率

$$x = 0.25, x = 1, x = 4, x = 9$$

讨论 $y = \sqrt{x}$ 与 $y = x^2$ 的变化规律有什么区别.

3. 讨论 $n > 0$ 与 $n < 0$ 时,幂函数的变化有什么区别.

4. 画 $y = \sin x$ 的图形. 求 $x = \pi, \frac{\pi}{6}, \frac{\pi}{4}, \frac{\pi}{2}, \frac{3}{4}\pi, \pi$ 时,曲线上各点的切线斜率. 讨论函数值增加或减小与变化率正或负的关系.

5. 求下列函数的变化率和微分:

① $y = x^{\frac{3}{2}} + 6$;

② $y = x(2x + 1)$;

③ $y = \frac{a}{x} - \frac{b}{\sqrt{x}}$;

④ $y = \frac{x^2 + x - 1}{x}$.

例 3.1 求函数 $y = 3x^2 + x - 5$,在 $x = 1$ 时变化率与微分.

解
$$\begin{aligned}
y' &= (3x^2)' + (x)' - (5)' \\
&= 3 \times 2x + 1 + 0 \\
&= 6x + 1
\end{aligned}$$

代入 $x = 1$,得

$$y' \Big|_{x=1} = 6 \times 1 + 1 = 7$$

$$dy \Big|_{x=1} = 7dx$$

例 3.2 计算程序控制机床铣刀中心位置.

程序控制铣床适用于加工复杂表面的工件. 它可以随着工作台按直角坐标 x, y 轴方向运动,刀具可按 z 轴(它垂直于 xOy 平面)方向运动;工件亦有按极坐标 ρ, φ 方向运动的,刀具也是按 z 轴方向运动的.

程控铣床大致是这样工作的:根据加工工件形状编好工作台或刀具运动的

程序,程序以代码形式在穿孔纸带上输入读数机.读数机将程序输入电子计算机,电子计算机将代码变成相应的脉冲数,输入 x,y,z 方向的步进电机.步进电机根据脉冲数转动相应的角度.再经过放大器、变速箱等装置,使工作台和刀具得到相应的位移,从而加工出所需要的工件来.

如某工厂提出要加工一种刮刀(图 3-7(a)),用圆柱铣刀加工曲线边,那么,铣刀中心位置(图 3-7(b))如何确定呢?

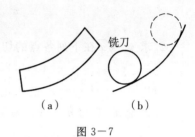

图 3-7

解 我们已知:

(1)生产单位给出了工件曲线边的方程为 $y=\dfrac{1}{12}x^2$(抛物线);

(2)铣刀半径为 1 cm;

(3)铣刀在铣的过程中始终与曲线 $y=\dfrac{1}{12}x^2$ 相切,生产单位还给了一系列相切点:$(2,0.33),(4,1.33),(6,3),(8,5.33)\cdots$;

(4)根据上面讲过的函数变化率概念,我们可以求出曲线上相切点处的函数变化率,即曲线在这些点的切线斜率.现在要求出:铣刀在铣工件时,铣刀中心的坐标.

首先,我们在铣刀(圆)与曲线 $y=\dfrac{1}{12}x^2$ 切点 $A_1(2,0.33)$ 处,求铣刀中心的坐标(图 3-8).

过点 A_1 作曲线和圆(圆心是铣刀中心 B_1)的切线 A_1T,过 B_1 作 x 轴的垂线 B_1C,B_1C 与切线的交点是 E,则

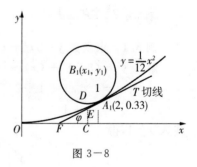

图 3-8

$$\angle A_1B_1E+\angle B_1EA_1=90°=\angle A_1FC+\angle FEC$$

又有

$$\angle B_1EA_1=\angle FEC$$

则

$$\angle A_1B_1E=\angle A_1FC=\varphi$$

于是

$$\begin{cases} x_1=2-A_1D=2-1\times\sin\varphi \\ y_1=0.33+B_1D=0.33+1\times\cos\varphi \end{cases}$$

即

$$\begin{cases} x_1 = 2 - \sin\varphi \\ y_1 = 0.33 + \cos\varphi \end{cases} \qquad (3-1)$$

可见,只要找出 $\sin\varphi$ 和 $\cos\varphi$,x_1 和 y_1 就完全确定了.

如何求 $\sin\varphi$ 和 $\cos\varphi$ 呢?

由于

$$y = \frac{1}{12}x^2$$

则

$$y' = 2 \times \frac{1}{12}x = \frac{1}{6}x$$

而

$$y' = \tan\varphi$$

则

$$\tan\varphi = \frac{1}{6}x \qquad (3-2)$$

现在要求的是过 $A_1(2, 0.33)$ 的切线斜率,所以,再将 A_1 的横坐标 $x_1 = 2$ 代入式 (3-2) 得

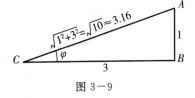

图 3-9

$$\tan\varphi = \frac{1}{3}$$

从图 3-9 的 $\mathrm{Rt}\triangle ABC$ 中,由 $\tan\varphi = \frac{1}{3}$ 可求出

$$\sin\varphi = \frac{AB}{AC} \approx \frac{1}{3.16} \approx 0.32$$

$$\cos\varphi = \frac{BC}{AC} \approx \frac{3}{3.16} \approx 0.95$$

代入式(3-1)得

$$\begin{cases} x_1 = 2 - \sin\varphi \approx 2 - 0.32 = 1.68 \\ y_1 = 0.33 + \cos\varphi \approx 0.33 + 0.95 = 1.28 \end{cases}$$

由此得到,当铣刀与曲线切于点 A_1 时,其中心 B_1 的坐标为 $(1.68, 1.28)$.

计算了铣刀一点的中心位置是不够的,还要计算出铣刀从第一点 A_1 运动到第二点 A_2 时,其中心位置 $B_2(x_2, y_2)$,再求出

$$\Delta_1 x = x_2 - x_1, \Delta_1 y = y_2 - y_1$$

以此来指挥工作台沿 x 轴及 y 轴方向移动的距离.

用相同的方法,可求出铣刀与曲线切于 $A_2(4, 1.33)$ 时,其中心位置为 $B_2(3.45, 2.16)$,则有

$$\Delta_1 x = x_2 - x_1 = 3.45 - 1.68 = 1.77$$

$$\Delta_1 y = y_2 - y_1 = 2.16 - 1.28 = 0.88$$

这就表明,当工作台沿 x 轴方向移动 1.77 cm,沿 y 轴方向移动 0.88 cm 时,铣刀中心由点 B_1 运动到了点 B_2.

当然,我们的计算不能到此为止,还必须计算出所有要求的各点处铣刀的中心位置.加工精度愈高,则计算的点数就愈多.例如,加工上面的刮刀,就计算了 300 多个点.这样大的工作量,我们可以由电子计算机来完成.

小　　结

以上解题过程可归结为:

(1)根据工件要求,分清已知与未知条件.

(2)找出已知条件与未知条件的关系,使未知转化为已知,如铣刀中心为

$$\begin{cases} x_{B_n} = x_{A_n} - \sin \varphi \\ y_{B_n} = y_{A_n} + \cos \varphi \end{cases} \tag{3-3}$$

(3)利用变化率概念,求出 $y' = \tan \varphi$,由此求出 $\sin \varphi$ 及 $\cos \varphi$,并代入式 (3-3),求出 (x_{B_n}, y_{B_n}),计算出

$$\Delta_{n-1} x = x_{B_n} - x_{B_{n-1}}, \Delta_{n-1} y = y_{B_n} - y_{B_{n-1}}$$

练　　习

计算铣刀与曲线相切于点 $(6,3)$ 及点 $(8,5.33)$ 时的铣刀中心位置,及 $\Delta x, \Delta y$.

第二节　微分法

有了变化率的概念及前面讲过的一些基本函数的微分公式,我们有可能解决一些简单的问题,例如求抛物线的切线,求匀加速运动、简谐运动的速度和加速度等问题.但是,实际中的问题往往是比较复杂的.如在设计油泵中的曲柄连杆机构(图 3-10)时,要分析它的速度和加速度.从图 3-10 上的几何关系,可以求出它的运动规律是

$$s = \sqrt{l^2 - r^2 \sin^2 \omega t} - r\cos \omega t \tag{3-4}$$

在研究速度时,因 l 比 r 长很多,可以略去根号中的 $r^2 \sin^2 \omega t$ 这一项,简化为

$$s = l - r\cos \omega t \tag{3-5}$$

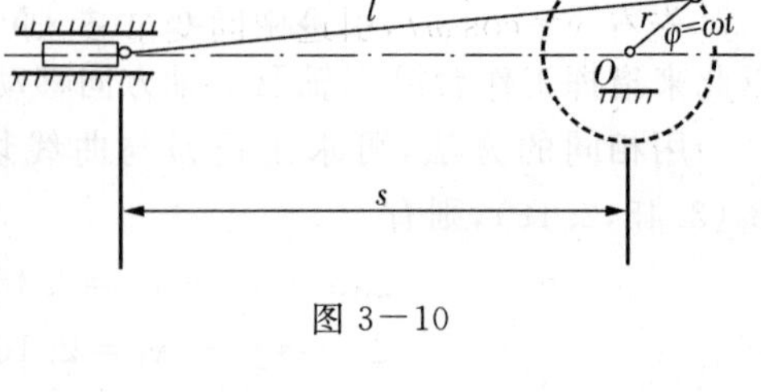

图 3-10

又如在讨论比较复杂一点的机械振动问题中,我们就遇到过这样的函数

$$x = 2A\cos\frac{\omega_1 + \omega_2}{2}t \cdot \cos\frac{\omega_1 - \omega_2}{2}t \tag{3-6}$$

式中 A,ω_1,ω_2 都是常数.

由于上述几个函数关系式比较复杂,求这些运动的速度和加速度,就遇到了困难.

但是任何复杂的事物,都可以分解为几个简单的事物. 分析复杂函数式 (3—4),(3—5)和(3—6)并总结实践经验,我们可以得到这样的规律:在实际中遇到的函数,很多是由常见的基本函数经过下面几种运算而构成的:

一是复合运算. 例如,式(3—5)中 $r\cos\omega t$ 这一项,式中 ωt 是曲柄转过的角度,记为 φ,则 y＝$r\cos\omega t$ 可以分解为

$$y = r\cos\omega t, \varphi = \omega t$$

这样,y 是 φ 的函数,φ 又是 t 的函数,我们称 y 是 t 的复合函数.

一般地说,如果 y 是 u 的函数 $y = f(u)$,u 又是 x 的函数 $u = u(x)$,则 y 是 x 的复合函数,u 叫中间变量. 将函数 $u = u(x)$ 代入 $y = f(u)$,得复合函数关系式 $y = f[u(x)]$. 相反,一个函数也可以用设置中间变量的方法,拆成几个函数的复合.

例如:$y = \sqrt{l^2 - r^2\sin^2\omega t}$ 可以看作

$$y = \sqrt{u}, u = l^2 - r^2\sin^2\omega t$$

这样引进一个中间变量 u,就把一个复杂函数拆成了几个简单函数的复合,再由简单函数的变化率得到复合函数的变化率.

二是四则运算. 这是由基本函数或它们的复合函数,经过加、减、乘、除运算而构成的函数. 例如式(3—4),(3—5)和 (3—6)都是这样构成的. 一般地说,如果已知两函数 $u(x)$ 及 $v(x)$ 的变化率是 u' 及 v',又有求解 $(u \pm v)'$,$(u \cdot v)'$ 及 $\left(\dfrac{u}{v}\right)'$ 的方法,那么,这一类函数的变化率问题就可以解决了.

一、复合函数的微分公式

先看 $y = \cos\omega t$,引进中间变量 φ,则

$$y = \cos\varphi, \quad \varphi = \omega t$$

这里有三个变量 y,φ 和 t,彼此间有函数关系:y 是 φ 的函数,φ 是 t 的函数,y 是 t 的复合函数. 现在我们来研究这几个函数变化率之间的关系. 我们知道

$$\frac{\mathrm{d}y}{\mathrm{d}\varphi} = -\sin\varphi, \quad \frac{\mathrm{d}\varphi}{\mathrm{d}t} = \omega$$

63

即 t 变一个单位，φ 变 ω 个单位；而 φ 变一个单位，y 变 $(-\sin\varphi)$ 个单位，因此 t 变一个单位，y 相应改变 $[\omega \cdot (-\sin\varphi)]$ 个单位，即

$$\frac{\mathrm{d}y}{\mathrm{d}t} = \omega(-\sin\varphi) = -\omega\sin t$$

这与我们以前直接求 $\cos\omega t$ 的变化率是一致的。可以看出

$$\frac{\mathrm{d}y}{\mathrm{d}x} = \frac{\mathrm{d}y}{\mathrm{d}\varphi} \cdot \frac{\mathrm{d}\varphi}{\mathrm{d}x}$$

这里的分析方法和结果，对于一般的复合函数也适用。

复合函数微分公式 设 $y = y(u)$，$u = u(x)$，用 y'_x 表示 y 对 x 的变化率，y'_u 表示 y 对 u 的变化率，u'_x 表示 u 对 x 的变化率，则

$$y'_x = y'_u \cdot u'_x$$
$$\mathrm{d}y = y'_u \mathrm{d}u = y'_u \cdot u'_x \mathrm{d}x$$

实际上，设 x 有增量 Δx 时，u 有增量 Δu，y 有增量 Δy，因为

$$\frac{\Delta y}{\Delta x} = \frac{\Delta y}{\Delta u} \cdot \frac{\Delta u}{\Delta x}$$

64 而当 $\Delta x \to 0$ 时，$\Delta u \to 0$，$\frac{\Delta y}{\Delta x} \to y'_x$，$\frac{\Delta y}{\Delta u} \to y'_u$，$\frac{\Delta u}{\Delta x} \to u'_x$，所以有

$$y'_x = y'_u \cdot u'_x$$

在复合函数情形，同时有两个以上的变量，要善于分清两两变量之间的关系，求变化率时，要注意是对于哪个变量而言的。

例 3.3 $y = \sin\frac{1}{3}t$，求 y'。

解 将原函数看作 $y = \sin\varphi$，$\varphi = \frac{1}{3}t$，在复合函数微分法中，通常用求微分的公式比较明了。

$$\mathrm{d}y = \mathrm{d}(\sin\varphi) = \cos\varphi\mathrm{d}\varphi = \cos\frac{1}{3}t\mathrm{d}(\frac{1}{3}t)$$
$$= \cos\frac{1}{3}t \cdot \frac{1}{3}\mathrm{d}t = \frac{1}{3}\cos\frac{1}{3}t\mathrm{d}t$$

则

$$y' = \frac{\mathrm{d}y}{\mathrm{d}t} = \frac{1}{3}\cos\frac{1}{3}t$$

例 3.4 $y = (3x+5)^3$，求 y'。

解 这也是复合函数。

$$y = u^3，u = 3x+5$$

$$dy = 3u^2 du = 3(3x+5)^2 d(3x+5)$$
$$= 3(3x+5)^2 [d(3x) + d(5)]$$
$$= 3(3x+5)^2 [3dx + 0] = 9(3x+5)^2 dx$$

则

$$y' = \frac{dy}{dx} = 9(3x+5)^2$$

例 3.5　$y = (\sin \varphi)^2$，求 y'.

解
$$dy = 2\sin \varphi d\sin \varphi = 2\sin \varphi \cos \varphi d\varphi$$
$$y' = 2\sin \varphi \cos \varphi = \sin 2\varphi$$

例 3.6　$y = \sqrt{a^2 - x^2}$，求 y'.

解　这也是复合函数.

$$y = \sqrt{u}, \quad u = a^2 - x^2$$

$$dy = \frac{1}{2\sqrt{u}} du = \frac{1}{2\sqrt{a^2 - x^2}} d(a^2 - x^2) = \frac{-x}{\sqrt{a^2 - x^2}} dx$$

$$y' = \frac{-x}{\sqrt{a^2 - x^2}}$$

65

练　　习

1. 设一偏心驱动的运动规律是 $s = 50\sin \varphi, \varphi = 100\pi t$，求 $\left.\dfrac{ds}{d\varphi}\right|_{\varphi = \frac{\pi}{2}}$，$\left.\dfrac{ds}{dt}\right|_{t = \frac{1}{200}}$，$\left.\dfrac{ds}{d\varphi}\right|_{\varphi = \frac{\pi}{6}}$，$\left.\dfrac{ds}{dt}\right|_{t = \frac{1}{600}}$，讨论这些变化率的物理意义.

2. 计算下列函数的变化率和微分

① $y = 3\sin 2x$.

② $y = a\cos(\omega t + \varphi_0)$，$a, \omega, \varphi_0$ 为常数，并求 $t = 0$ 时的变化率与微分.

③ $y = \dfrac{1}{2}\sin 3x - 2\cos\left(2x + \dfrac{\pi}{4}\right) + 5$.

④ $y = (x+1)^2$，并求 $t = 1$ 时的变化率与微分.

⑤ $y = (1-x)^2$.

⑥ $y = \sqrt{a^2 + x^2}$.

⑦ $y = \dfrac{1}{\sqrt{a^2 - x^2}}$.

⑧ $y = (a^2 - x^2)^2$.

二、函数四则运算的微分法

现在讨论两个函数的四则运算的微分法.有了它,就可以解决更复杂的问题.

设 y,u 和 v 都是 x 的函数.

1. 相加情形.

设 $y=u\pm v$,则 $\mathrm{d}y=\mathrm{d}u\pm\mathrm{d}v$,$y'=u'\pm v'$.

2. 乘以常数情形.

设 $y=au$(a 是常数),则 $\mathrm{d}y=a\mathrm{d}u$,$y'=au'$.

这两个规律,从变化率和微分的概念可以直接得到,而且前面已经用过,这里不仔细讨论了.

3. 相乘情形.

设 $y=uv$,当 x 有增量 Δx,则 u 和 v 分别有增量 Δu 和 Δv,y 相应有增量 Δy,由 $y=uv$,得

$$\Delta y=(u+\Delta u)(v+\Delta v)-uv$$
$$=v\Delta u+u\Delta v+\Delta u\Delta v$$

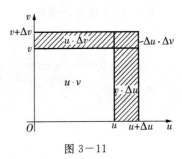

图 3-11

如果把 $y=uv$ 看作矩形面积(图 3-11),那么,Δy 可看作该面积的增量即三块阴线部分的面积之和($v\Delta u+u\Delta v+\Delta u\Delta v$),于是

$$\frac{\Delta y}{\Delta x}=v\frac{\Delta u}{\Delta x}+u\frac{\Delta v}{\Delta x}+\frac{\Delta u}{\Delta x}\Delta v$$

当 $\Delta x\to 0$ 时

$$\lim_{\Delta x\to 0}\frac{\Delta y}{\Delta x}=y',\ \lim_{\Delta x\to 0}\frac{\Delta u}{\Delta x}=u',\ \lim_{\Delta x\to 0}\frac{\Delta v}{\Delta x}=v'$$

且当 $\Delta x\to 0$ 时,Δu 和 Δv 均 $\to 0$ 则

$$\lim_{\Delta x\to 0}\left(\frac{\Delta u}{\Delta x}\cdot\Delta v\right)=u'\cdot 0=0$$

所以

$$\begin{cases}y'=vu'+uv'\\ \mathrm{d}y=v\mathrm{d}u+u\mathrm{d}v\end{cases} \tag{3-7}$$

从微分的观点来看,Δy 可以用两块小长方形面积 $v\Delta u$ 及 $u\Delta v$ 的和来近似,而 $\Delta u\Delta v$ 比这两块小得多,可略去不计,就得微分 $\mathrm{d}y$.

例 3.7 $y=x^2\left(24-\dfrac{x}{2}\right)$,求 y'.

66

解 可看作 $u = x^2, v = 24 - \dfrac{x}{2}$,由公式(3-7)得

$$y' = (x^2)' \left(24 - \frac{x}{2}\right) + x^2 \left(24 - \frac{x}{2}\right)'$$

$$= 2x\left(24 - \frac{x}{2}\right) + x^2\left(-\frac{1}{2}\right)$$

$$= 48x - x^2 - \frac{1}{2}x^2$$

$$= 48x - \frac{3}{2}x^2$$

例 3.8 $x = 2A\cos\dfrac{\omega_1 + \omega_2}{2}t \cdot \cos\dfrac{\omega_1 - \omega_2}{2}t$,求 $\dfrac{\mathrm{d}x}{\mathrm{d}t}$.

解 $\mathrm{d}x = 2A\cos\dfrac{\omega_1 + \omega_2}{2}t \cdot \mathrm{d}\left(\cos\dfrac{\omega_1 - \omega_2}{2}t\right) +$

$$2A\cos\frac{\omega_1 - \omega_2}{2}t \cdot \mathrm{d}\left(\cos\frac{\omega_1 + \omega_2}{2}t\right)$$

$$= -2A\frac{\omega_1 - \omega_2}{2}\cos\frac{\omega_1 + \omega_2}{2}t \cdot \sin\frac{\omega_1 - \omega_2}{2}t\mathrm{d}t -$$

$$2A\frac{\omega_1 + \omega_2}{2}\cos\frac{\omega_1 - \omega_2}{2}t \cdot \sin\frac{\omega_1 + \omega_2}{2}t\mathrm{d}t$$

则

$$\frac{\mathrm{d}x}{\mathrm{d}t} = -A\left[(\omega_1 - \omega_2)\cos\frac{\omega_1 + \omega_2}{2}t \cdot \sin\frac{\omega_1 - \omega_2}{2}t +\right.$$

$$\left.(\omega_1 + \omega_2)\cos\frac{\omega_1 - \omega_2}{2}t \cdot \sin\frac{\omega_1 + \omega_2}{2}t\right]$$

$$= -A(\omega_1\sin\omega_1 t + \omega_2\sin\omega_2 t)$$

此例可用三角函数的"积化和差"法,再求微商更为简便.

4. 倒数情形.

对于两函数相除的情形,$\dfrac{u}{v}$ 可以看作是 u 与 $\dfrac{1}{v}$ 的乘积,因此,只要能找出 $\dfrac{1}{v}$ 的变化率与 v 的变化率的关系,就可以利用相乘的公式(3-7)得到相除情形的公式. 我们首先分析 $\dfrac{1}{v}$ 的变化率. 设 $y = \dfrac{1}{v}$,因为 y 和 v 都是 x 的函数,则 y 就是 x 的复合函数,而 v 是中间变量,即

$$y = v^{-1}, \quad v = v(x)$$

利用复合函数微分法

$$\mathrm{d}y = (v^{-1})'_v \mathrm{d}v = -\frac{1}{v^2}v'\mathrm{d}x$$

$$y' = \frac{\mathrm{d}y}{\mathrm{d}x} = -\frac{1}{v^2}v' \tag{3-8}$$

记号( )$'_v$ 表示括号里的函数对变量 v 求变化率.

例 3.9 $y = \frac{1}{\cos x}$, 求 y'.

解
$$y' = -\frac{1}{\cos^2 x}(\cos x)' = \frac{\sin x}{\cos^2 x}$$

5. 相除情形.

设 $y = \frac{u}{v}$, 由于 $\frac{u}{v} = u \cdot \frac{1}{v}$, 根据公式 (3-7) 和 (3-8), 则有

$$\begin{cases} y' = \dfrac{vu' - uv'}{v^2} \\ \mathrm{d}y = \dfrac{v\mathrm{d}u - u\mathrm{d}v}{v^2} \end{cases} \tag{3-9}$$

这个公式不好记, 可以直接利用 u 与 $\frac{1}{v}$ 乘积求.

68

例 3.10 $y = \tan x = \frac{\sin x}{\cos x}$, 求 y'.

解
$$y' = \left(\sin x \cdot \frac{1}{\cos x}\right)' = (\sin x)' \frac{1}{\cos x} + \sin x \left(\frac{1}{\cos x}\right)'$$
$$= \cos x \frac{1}{\cos x} + \sin x \frac{\sin x}{\cos^2 x} = 1 + \frac{\sin^2 x}{\cos^2 x}$$
$$= \frac{\cos^2 x + \sin^2 x}{\cos^2 x} = \frac{1}{\cos^2 x}$$

小　结

现将函数的复合及四则运算的微分法公式总结如下:

1. 若 $y = y(u)$, $u = u(x)$, 则
$$y' = y'_u \cdot u'_x, \qquad\qquad \mathrm{d}y = y'_u \mathrm{d}u = y'_u \cdot u'_x \mathrm{d}x$$

2. $(u + v)' = u' \pm v'$, $\qquad$ $\mathrm{d}(u \pm v) = \mathrm{d}u \pm \mathrm{d}v$.

3. $(au)' = au'$, $\qquad\qquad$ $\mathrm{d}(au) = a\mathrm{d}u$($a$ 为常数).

4. $(uv)' = vu' + uv'$, $\qquad$ $\mathrm{d}(uv) = v\mathrm{d}u + u\mathrm{d}v$.

5. $\left(\dfrac{1}{v}\right)' = -\dfrac{v'}{v^2}$, $\qquad$ $\mathrm{d}\left(\dfrac{1}{v}\right) = -\dfrac{1}{v^2}\mathrm{d}v$.

6. $\left(\dfrac{u}{v}\right)' = \dfrac{vu' - uv'}{v^2}$, $\qquad$ $\mathrm{d}\left(\dfrac{u}{v}\right) = \dfrac{v\mathrm{d}u - u\mathrm{d}v}{v^2}$.

练 习

计算下列函数的变化率和微分

① $y = x(x^2 + x + 1)$;　　　　② $y = c\, t \sin t + a$(c, a 为常数);

③ $y = \cot x = \dfrac{\cos x}{\sin x}$;　　　　④ $y = \dfrac{1}{x+1}$;

⑤ $y = x \sqrt{a^2 - x^2}$;　　　　⑥ $y = \dfrac{x}{\sqrt{a^2 + x^2}}$;

⑦ $y = (1 - x) \sqrt{x + 1}$;　　　　⑧ $y = \dfrac{\cos x}{1 + \sin x}$.

三、应用

1. 求曲柄连杆运动的速度和加速度.

(1) 求速度.

因为这个运动规律比较复杂,一般是化简后再算. 为了便于比较,这里把简化的与不简化的情形都算一下.

前面讲过(图 3—10),当 l 比 r 大很多时,可以简化为

$$s = l - r \cos \omega t$$

利用复合函数微分法,可得

$$v = s' = r \omega \sin \omega t \tag{3—10}$$

当 $t = \dfrac{\pi}{\omega}$ 时,速度 $v = 0$;$t = \dfrac{\pi}{2\omega}$ 时,速度最大 $v = r\omega$. 如果曲柄长 $r = 50$ mm,每分钟 600 转(每秒钟 10 转),即 $\omega = 10 \times 2\pi = 20\pi$(弧度/秒),最大速度为

$$v = 50 \times 20\pi = 1\,000\pi \text{ mm/s} \approx 3.14 \text{ m/s}$$

可见运动很不均匀. 在油压机构中,利用曲柄连杆推动油泵柱塞时,为了克服给油的不均匀性,常要同时用几个泵错开时间给油,达到给油比较均匀的目的.

如果 l 比 r 大得不多,则上面讲的就不能简化,而必须直接利用公式

$$s = \sqrt{l^2 - r^2 \sin^2 \omega t} - r \cos \omega t$$

来求速度. 上式第一项的变化率计算如下

$$
\begin{aligned}
\mathrm{d}\left(\sqrt{l^2 - r^2 \sin^2 \omega t}\,\right) &= \frac{1}{2\sqrt{l^2 - r^2 \sin^2 \omega t}} \mathrm{d}(l^2 - r^2 \sin^2 \omega t) \\
&= \frac{1}{2\sqrt{l^2 - r^2 \sin^2 \omega t}} \Big[0 - r^2 \cdot 2 \sin \omega t \cdot \mathrm{d}(\sin \omega t) \Big] \\
&= \frac{-r^2 \sin \omega t}{\sqrt{l^2 - r^2 \sin^2 \omega t}} \cos \omega t\, \mathrm{d}(\omega t)
\end{aligned}
$$

$$= -\frac{r^2 \sin \omega t \cdot \cos \omega t}{\sqrt{l^2 - r^2 \sin^2 \omega t}} \omega \mathrm{d}t$$

$$= -\frac{r^2 \omega \sin 2\omega t}{2\sqrt{l^2 - r^2 \sin^2 \omega t}} \mathrm{d}t$$

则

$$\left(\sqrt{l^2 - r^2 \sin^2 \omega t}\,\right)' = -\frac{r^2 \omega \sin 2\omega t}{2\sqrt{l^2 - r^2 \sin^2 \omega t}}$$

第二项的变化率为

$$\left(-r\cos \omega t\right)' = r\omega \sin \omega t$$

所以

$$v = s' = r\omega \sin \omega t - \frac{r^2 \omega \sin 2\omega t}{2\sqrt{l^2 - r^2 \sin^2 \omega t}} \tag{3—11}$$

（2）求加速度

加速度是速度的变化率. 在求曲柄连杆运动的加速度时, 通常是由式 (3—11)简化, 将分母根号中的 $r^2 \sin^2 \omega t$ 略去（一般在 $l > r$ 时就可简化）, 即

$$v = r\omega \sin \omega t - \frac{r^2 \omega}{2l} \sin 2\omega t$$

求 v 的变化率, 得到加速度

$$a = v' = r\omega^2 \cos \omega t - \frac{r^2 \omega^2}{l} \cos 2\omega t$$

2. 油泵的脉动率问题.

上面讲到, 用油压传动的机器, 如果只用一个油泵, 速度是不均匀的. 我们分析曲柄连杆的运动速度, 目的就是为了掌握这个运动规律采取措施来克服速度的不均匀性. 一般是用几个泵错开时间给油, 这样有什么好处呢? 下面进行具体的分析.

先介绍两个概念

$$油泵给油流量 = 柱塞运动速度 \times 柱塞面积$$

机械工业中用脉动率来衡量给油平稳的程度

$$脉动率 = \frac{最大给油流量 - 最小给油流量}{平均给油流量}$$

显然, 脉动率越小, 说明给油越平稳.

设柱塞面积为 A, 根据前面求得的柱塞速度公式(3—10), 可得到油泵给油流量（以 q 表示）

$$q = Av = Ar\omega \sin \cot \omega t$$

令
$$c = Ar\omega$$

则
$$q = c\sin \omega t$$

先讨论用一个泵给油时的情形. 因为泵只有在冲程时给油, 而回程时不给油, 因此, 回程给油流量是零, 流量—时间曲线见图 3—12. 这时

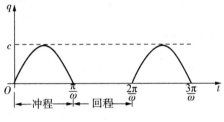

图 3—12

最大给油流量 $= c$

最小给油流量 $= 0$

因为一个冲程柱塞前进的距离是 $2r$(图 3—10), 而回程不给油, 所以在一个冲程中给油的总量是 $2rA$, 而冲程与回程用的时间是 $\dfrac{2\pi}{\omega}$, 所以

$$平均给油流量 = \frac{2rA}{\dfrac{2\pi}{\omega}} = \frac{r\omega A}{\pi} = \frac{c}{\pi}$$

所以

$$脉动率 = \frac{c - 0}{\dfrac{c}{\pi}} = \pi \approx 3.14$$

再讨论用两个泵交替给油(时间相差 $\dfrac{\pi}{\omega}$)时的情形. 这时, 最大、最小给油流量不变(与单泵给油的情形一样), 但平均给油流量加大了一倍(图 3—13).

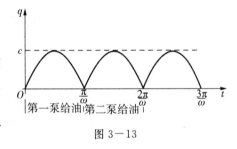

图 3—13

所以

$$脉动率 = \frac{c - 0}{\dfrac{2c}{\pi}} = \frac{\pi}{2} \approx 1.57$$

最后讨论三个泵交替给油的情形. 相邻两泵给油时间相差 $\dfrac{2\pi}{3\omega}$, 这时给油流量的变化规律如图 3—14 所示. 由图可以看出, 最大给油流量只可能在

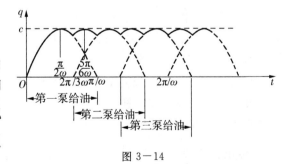

图 3—14

71

$$t = \frac{\pi}{2\omega}, \frac{7\pi}{6\omega}, \frac{11\pi}{6\omega}, \cdots$$

或

$$t = \frac{5\pi}{6\omega}, \frac{3\pi}{2\omega}, \frac{13\pi}{6\omega}, \cdots$$

的时候,相应的给油流量为

$$q\bigg|_{t=\frac{\pi}{2\omega}} = c \cdot \sin\left(\omega \cdot \frac{\pi}{2\omega}\right) = c\sin\frac{\pi}{2} = c$$

$$q\bigg|_{t=\frac{5\pi}{6\omega}} = 2c \cdot \sin\left(\omega \cdot \frac{5\pi}{6\omega}\right) = 2c\sin\frac{5}{6}\pi = c$$

当 $t = \frac{5\pi}{6\omega}$ 时,两泵同时以相同流量给油,所以乘以 2,所以最大给油流量仍是 c.

由图看出,当 $t = \frac{2\pi}{3\omega}, \frac{\pi}{\omega}, \frac{4\pi}{3\omega}, \frac{5\pi}{3\omega}, \frac{2\pi}{\omega}, \cdots$ 时,给油流量最小

$$最小给油流量 = c \cdot \sin\frac{2\pi}{3} \approx 0.866c$$

平均给油流量是一个泵给油时的 3 倍,即

$$平均给油流量 = \frac{3c}{\pi}$$

所以

$$脉动率 = \frac{c - 0.866c}{\frac{3c}{\pi}} = 0.045\pi \approx 0.14$$

可见,三泵交错给油相当平稳,普通油压机构常用三个泵.

练　习

1. 设偏心轮推动活塞作往复运动(图 3—15),O 是转动轴,C 是偏心轮的圆心,设 $OC = 20$ mm,$r = 100$ mm(偏心轮半径),转速 $= 200$ 转/分,求偏心推动活塞的运动速度和加速度.

2. 图 3—16 是一剪床上控制抱闸的凸轮,AB 是圆弧,BC 是直线,在点 B 与弧 AB 相切,CD 段使顶杆匀速上升,求凸轮半径 ρ 对 φ 的增长速度,并以此确定 CD 段 ρ 的增长速度.

$\left(提示:BC 段上 \rho = \dfrac{100}{\cos\varphi} 如图 3-16(b) 所示.\right)$

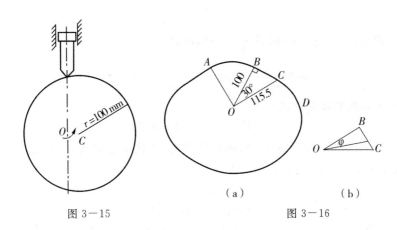

图 3—15　　　　　　　　　　　　　图 3—16

第三节　指数函数与对数函数的微分公式

一、指数函数与对数函数的微分公式

1.指数函数的微分公式.

在第一章中讨论放射性元素的衰变规律时,遇到过指数函数

$$y = e^x$$

这个函数与我们熟悉的幂函数、三角函数一样,是一个基本函数,它的图像如图 3—17 所示.我们根据变化率的基本概念

$$y' = \lim_{\Delta x \to 0} \frac{\Delta y}{\Delta x}$$

求它的变化率.x 有增量 Δx,y 有增量

$$\Delta y = e^{x+\Delta x} - e^x = e^x(e^{\Delta x} - 1)$$

$$\frac{\Delta y}{\Delta x} = e^x \frac{e^{\Delta x} - 1}{\Delta x}$$

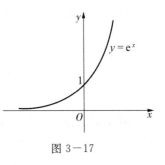

图 3—17

当 $\Delta x \to 0$ 时,e^x 不变,我们看看 $\frac{e^{\Delta x}-1}{\Delta x}$ 的变化趋势,列表 3—1.

表 3—1

Δx	0.1	0.01	0.001	0.000 1	$\cdots$
$e^{\Delta x}$	1.105 17	1.010 050	1.001 000 5	1.000 100 005	$\cdots$
$\dfrac{e^{\Delta x}-1}{\Delta x}$	1.051 7	1.005 0	1.000 5	1.000 05	$\cdots$

73

可以看出,当 $\Delta x \to 0$ 时,$\dfrac{e^{\Delta x}-1}{\Delta x} \to 1$,所以

$$y' = \lim_{\Delta x \to 0}\frac{\Delta y}{\Delta x} = \lim_{\Delta x \to 0}e^x\,\frac{e^{\Delta x}-1}{\Delta x} = e^x \cdot 1 = e^x$$

得到指数函数的微分公式

$$(e^x)' = e^x,\,d(e^x) = e^x dx$$

指数函数 e^x 的变化率等于自身,函数值多大,变化率也多大,这是它的一个显著特点. 当 $x>0$ 时,x 越大,它的变化率变得越大,因此,函数增长得非常快,例如

$$(e^x)'\big|_{x=0} = e^0 = 1$$
$$(e^x)'\big|_{x=1} = e^1 \approx 2.718$$
$$(e^x)'\big|_{x=5} = e^5 \approx 148.4$$

当 $x<0$ 时,函数变化很慢,例如

$$(e^x)'\big|_{x=-1} = e^{-1} \approx 0.37$$
$$(e^x)'\big|_{x=-5} = e^{-5} \approx 0.006\,7$$

74

这个性质,我们从 e^x 的图像上,也可以直观地看出来.

实际现象中,变化率与它本身大小成正比的变化规律,都是指数函数. 如第一章讨论过的放射性元素的原子数

$$N(t) = N_0 e^{-\lambda t} \qquad (3-12)$$

(N_0 是 $t=0$ 时的原子数,λ 是衰变常数). 电容器充电过程中的电压(图 3-18)

$$U = E(1 - e^{-\frac{1}{RC}t}) \qquad (3-13)$$

例 3.11 求放射性元素的衰变速度.

解 由式(3-12)得

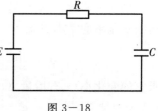

图 3-18

$$N'(t) = N_0 e^{-\lambda t}(-\lambda t)' = -\lambda N_0 e^{-\lambda t}$$

再将式(3-12)代入上式得

$$N'(t) = -\lambda N(t)$$

即衰变速度 N' 与现有原子数 N 成正比,负号表示原子数随时间变化而减少.

例 3.12 求电容器充电速度.

解 由式(3-13)得

$$\frac{dU}{dt} = (E - E e^{-\frac{1}{RC}t})' = \frac{E}{RC}e^{-\frac{1}{RC}t}$$

即充电速度按指数规律逐渐减小(图 3-19).$t=0$ 时,充电最快

$$\frac{dU}{dt}\Big|_{t=0}=\frac{E}{RC}$$

即相当于一秒钟电容器两端电压增高$\frac{E}{RC}$（V），如果充电总是这么快，经过 RC s 后，电容器两端电压就与电源电压一样了（实用中，称 $\tau=RC$ 为时间常数）．但实际上随着电容器两端电压的增高，充电速度渐减，所以，经过 τ s 后

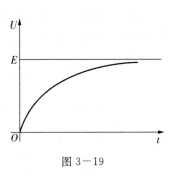

图 3—19

$$U=E(1-e^{-\frac{1}{RC}\cdot RC})=E(1-e^{-1})\approx 0.63E$$

经过 3τ s 后

$$U=E(1-e^{-3})\approx 0.95E$$

以后 U 增加就很慢了．工程上一般认为经过 3τ s 后充电截止．电容器充电现象，就好像用一定压力给自行车带打气，车带里没气时进气很快，车带越鼓进气越慢，车带里气压与外加压力差不多时进气就更慢了．

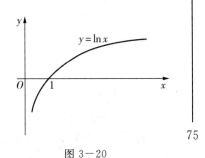

图 3—20

2.对数函数的微分公式．

对数函数（图 3—20）是指数函数 e^x 的反函数，即

$$y=\ln x \tag{3—14}$$

$$x=e^y \tag{3—15}$$

将式（3—14）与式（3—15）比较，只是 x 与 y 的地位变了，即因变量与自变量的地位变了．但是变中有不变，即变量 x 与 y 之间的微分关系并没有变，因此，我们利用已知的 e^x 的微分公式，由式（3—15）可得 dy 与 dx 的关系

$$dx=d(e^y)=e^y dy$$

$$dy=\frac{1}{e^y}dx$$

再由式（3—15）得

$$dy=\frac{1}{x}dx$$

所以，对数函数的变化率 $y'=\dfrac{dy}{dx}=\dfrac{1}{x}$．

微分公式是

$$(\ln x)'=\frac{1}{x},\quad d(\ln y)=\frac{1}{x}dx$$

75

〔附〕 **反三角函数的微分公式** 利用与对数函数求微分一样的方法,我们可以求得常用的反正弦函数和反正切函数的微分公式

$$(\arcsin x)' = \frac{1}{\sqrt{1-x^2}}, \quad d(\arcsin x) = \frac{dx}{\sqrt{1-x^2}}$$

$$(\arctan x)' = \frac{1}{1+x^2}, \quad d(\arctan x) = \frac{dx}{1+x^2}$$

练　习

求下列函数的变化率和微分:

① e^{-2x};　　　　　　　　　② $\ln(1-x)$;

③ $3e^{-t}-1$;　　　　　　　　④ $ce^{-kt}+5(t+1)$;

⑤ $-2xe^x$;　　　　　　　　　⑥ $x\ln x$;

⑦ $\dfrac{e^x}{2x}$;　　　　　　　　　⑧ $e^{-kt}\sin\omega t$.

二、微分法总结

76

　　幂函数、三角函数、指数函数和对数函数是几类常见的函数,复杂些的函数常是由它们经过一定运算而构成的.因此,微分法中最基本的东西,就是这几个常见函数的微分公式和几个运算规律的微分公式(其中特别要注意复合函数微分法),只要我们掌握了这些最基本的东西,经过反复地运用,求变化率和微分就没有什么困难了.现在把已经学过的微分公式总结如下:

　　1.几类常见的微分公式.

$$(a)' = 0, \qquad\qquad d(a) = 0;$$

$$(x^n)' = nx^{n-1}, \qquad\qquad d(x^n) = nx^{n-1}dx;$$

$$(\sin x)' = \cos x, \qquad\qquad d(\sin x) = \cos xdx;$$

$$(\cos x)' = -\sin x, \qquad\qquad d(\cos x) = -\sin xdx;$$

$$(e^x)' = e^x, \qquad\qquad d(e^x) = e^xdx;$$

$$(\ln x)' = \frac{1}{x}, \qquad\qquad d(\ln x) = \frac{1}{x}dx;$$

$$(\arcsin x)' = \frac{1}{\sqrt{1-x^2}}, \qquad\qquad d(\arcsin x) = \frac{dx}{\sqrt{1-x^2}};$$

$$(\arctan x)' = \frac{1}{1+x^2}, \qquad\qquad d(\arctan x) = \frac{dx}{1+x^2}.$$

　　2.复合函数微分法.

　　设 $y = y(u), u = u(x)$,则

$$y'_x = y'_u \cdot u'_x, \quad dy = y'_u \cdot du = y'_u \cdot u'_x dx$$

3.微分法运算规律.

$$(u \pm v)' = u' \pm v', \qquad d(u \pm v) = du \pm dv;$$

$$(au)' = au', \qquad d(au) = adu(a \text{ 为常数});$$

$$(uv)' = u'v = uv', \qquad d(uv) = vdu + udv;$$

$$\left(\frac{1}{v}\right)' = -\frac{v'}{v^2}, \qquad d\left(\frac{1}{v}\right) = -\frac{1}{v^2}dv;$$

$$\left(\frac{u}{v}\right)' = \frac{u'v - uv'}{v^2}, \qquad d\left(\frac{u}{v}\right) = \frac{vdu - udv}{v^2}.$$

4.高阶变化率.

前面讨论过,加速度是速度的变化率,而速度又是路程的变化率,我们说加速度是路程的二阶变化率.

一般地说,$y = f(x)$ 的变化率是 y',y' 本身也是 x 的函数,y' 的变化率叫作 y 的二阶变化率.

记作 $\qquad\qquad y'' = (y')'$ 或 $\dfrac{d^2 y}{dx^2} = \dfrac{d(y')}{dx}$

同样地,可以有三阶、四阶……变化率.在不同问题中,这些高阶变化率有不同的物理意义.如在运动问题中,二阶变化率表示加速度,若 $s = s(t)$,则加速度 $a = s''(t)$.而在研究杆受力的变形问题中,它就表示弯曲的程度.这里我们只提出高阶变化率的概念,而它的计算方法不过是重复地求变化率,所以不再仔细研究了.

练　习

求下列函数的变化率和微分.

① $y = (at + b)e^{-kt}$.

② $y = ce^{-t}\cos(\omega t + \varphi)$.

③ $y = e^{-kt}(c_1 \cos \omega t + c_2 \sin \omega t)$.

④ $y = x\ln(1 - x)$.

⑤ $y = a\cos^2(2\omega t + \varphi)$.

⑥ $y = \sqrt{9 - x^2 + 2x} - 1$.

⑦ $y = \dfrac{1}{\sqrt{2x}}e^{-t^2}$.

⑧ $y = \ln(\sin x)$.

77

第四节　微分近似增量的实际应用

在局部相对于整体来说是很小的情况下,用函数的微分近似它的增量,这是第二章中"以直代曲"、"匀代不匀"解决非均匀变化问题的重要的数学方法.在理论上,我们运用它认识了微分和积分这一对矛盾,形成了微积分的基本概念;在计算上,它又是解决近似计算和误差估计的一种基本思路.

一、近似计算

在实际计算问题中,往往要求用最简单的计算方法,得到一定精度的计算结果,这就遇到近似计算的问题.人们在生产实践中创造了大量的近似计算方法.

1. 正切的近似计算.

例 3.13　车工在拔梢时,要计算梢度 α(图 3—21),α 很小时(小于 $5°$),常用公式

$$\alpha = 28.6° \frac{D_1 - D_2}{s}$$

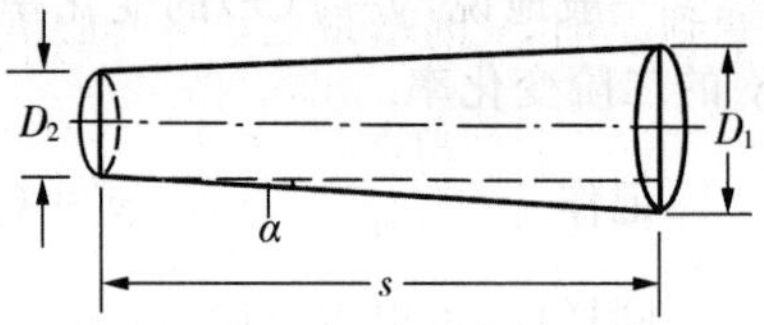

这是个简单、实用的近似公式.它是怎么得来的呢?由图 3—21 应有

图 3—21

$$\tan \alpha = \frac{\dfrac{D_1 - D_2}{2}}{s} = \frac{D_1 - D_2}{2s}$$

因为角度很小时,角度的正切值近似等于角度的弧度值,即

$$\alpha \approx \frac{D_1 - D_2}{2s} (弧度)$$

而 1 弧度 $= 57.3°$,则

$$\alpha \approx 57.3° \frac{D_1 - D_2}{2s} = 28.6° \frac{D_1 - D_2}{s}$$

用这个近似公式可以避免查正切表.这里主要利用了近似关系

$$\tan \alpha \approx \alpha$$

这个关系是在 $\alpha = 0$ 附近以 $\tan \alpha$ 的微分近似它的增量得到的结果.

$y = \tan \alpha$ 在 $\alpha = \alpha_0$ 处的微分

$$dy \big|_{\alpha = \alpha_0} = (\tan \alpha)' \big|_{\alpha = \alpha_0} d\alpha = \frac{1}{\cos^2 \alpha} \bigg|_{\alpha = \alpha_0} d\alpha = \frac{d\alpha}{\cos^2 \alpha_0}$$

当 $\alpha_0 = 0$ 时

$$\frac{1}{\cos^2\alpha_0} = \frac{1}{\cos^2 0} = 1$$

$$\mathrm{d}\alpha = \alpha - \alpha_0 = \alpha - 0 = \alpha$$

所以

$$\mathrm{d}y\big|_{\alpha_0 = 0} = \alpha$$

$y = \tan\alpha$ 在 $\alpha_0 = 0$ 处的增量

$$\Delta y = \tan\alpha - \tan\alpha_0 = \tan\alpha - \tan 0 = \tan\alpha$$

由 $\Delta y \approx \mathrm{d}y$ 有

$$\tan\alpha \approx \alpha$$

2. 开方的近似计算.

例 3.14　设 $y = f(x) = \sqrt{1+x}$，如果 x 很小，我们可以先求当自变量从 0 变到 x 时，y 的增量 Δy 的近似值 $\mathrm{d}y$. 现在

$$\Delta x = x - 0 = x$$

$$\Delta y \approx \mathrm{d}y = (\sqrt{1+x})'\big|_0 \cdot x = \frac{1}{2\sqrt{1+x}}\bigg|_0 \cdot x = \frac{1}{2}x$$

因为 $f(0) = 1$，所以

$$\sqrt{1+x} = 1 + \Delta y = 1 + \frac{1}{2}x \qquad\qquad (3-16)$$

这是一个常用的简化开方运算的近似公式.

研究曲柄连杆机构运动时，有一项

$$\sqrt{l^2 - r^2\sin^2\omega t}$$

提出 l，可以改写成

$$l\sqrt{1 - \frac{r^2}{l^2}\sin^2\omega t}$$

因为通常 l 比 r 至少大 3 倍，$\sin^2\omega t$ 的值不会大于 1，所以 $-\dfrac{r^2}{l^2}\sin^2\omega t$ 是相当小的数，看作是式(3-16)中的 x，得

$$\sqrt{l^2 - r^2\sin^2\omega t} = l\sqrt{1 - \frac{r^2}{l^2}\sin^2\omega t} \approx l\left(1 - \frac{r^2}{2l^2}\sin^2\omega t\right)$$

如果 l 比 r 大很多，后一项也可以略掉，得

$$\sqrt{l^2 - r^2\sin^2\omega t} \approx l$$

3. 利用微分求近似关系的一般方法.

上面用微分近似增量求近似值的方法具有一般性.

设有函数 $y=f(x)$,在点 x_0 为 $f(x_0)$,$f'(x_0)$ 都好算,则对于点 x_0 附近的 x 值,可利用

$$f(x) = f(x_0) + \Delta y \approx f(x_0) + \mathrm{d}y$$

求 $f(x)$ 的近似值. 现在 $\Delta x = x - x_0$,则

$$\mathrm{d}y = f'(x_0)\Delta x = f'(x_0)(x - x_0)$$

近似公式可以写成

$$f(x) \approx f(x_0) + f'(x_0)(x - x_0)$$

例 3.13 和例 3.14 都是 $x_0 = 0$ 的情形.

由这个公式,取 $x_0 = 0$,可得几个常用的近似公式:当 x 很小时

$$\sin x \approx x,\ \tan x \approx x(x\ \text{用弧度单位})$$

$$\sqrt[n]{1 \pm x} \approx 1 \pm \frac{1}{n}x,\ \frac{1}{1+x} \approx 1 - x$$

$$\ln(1+x) \approx x$$

4. 实例.

例 3.15 设计机床上的皮带时,要计算皮带长度. 已知两轮直径分别是 D_1 和 $D_2(D_1 > D_2)$,轮心距是 A,利用几何关系,可以得到皮带全长的计算公式

$$L = 2\sqrt{A^2 - (\frac{D_1 - D_2}{2})^2} + \frac{D_1}{2}(\pi + 2\alpha) + \frac{D_2}{2}(\pi - 2\alpha)$$

其中

$$\sin \alpha = \frac{D_1 - D_2}{2A}$$

这个公式比较烦琐,实际使用很不方便,一般用简化后的公式.

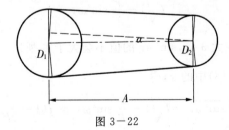

图 3—22

实际上,$\dfrac{D_1 - D_2}{2}$ 比 A 小得多

$$\sqrt{A^2 - (\frac{D_1 - D_2}{2})^2} = A\sqrt{1 - (\frac{D_1 - D_2}{2A})^2}$$

$$\approx A\left[1 - \frac{1}{2}(\frac{D_1 - D_2}{2A})^2\right]$$

又因角度 α 很小

$$\alpha \approx \sin\alpha = \frac{D_1 - D_2}{2A}$$

所以

$$L \approx 2A - \frac{(D_1 - D_2)^2}{4A} + \frac{D_1\pi}{2} + D_1\frac{D_1 - D_2}{2A} +$$

$$\frac{D_2\pi}{2} - D_2\frac{D_1 - D_2}{2A}$$

$$= 2A - \frac{(D_1 - D_2)^2}{4A} + \frac{\pi}{2}(D_1 + D_2) + \frac{(D_1 - D_2)^2}{2A}$$

即

$$L \approx 2A + \frac{\pi}{2}(D_1 + D_2) + \frac{(D_1 - D_2)^2}{4A}$$

81

这是实际计算皮带长度时用的公式.

练　习

1.利用近似公式 $\sin\alpha \approx \alpha, \tan\alpha \approx \alpha$,求下列数的近似值

$$\sin 3°, \tan 4°, \arctan 0.062\ 4$$

(答:0.052 4,0.069 8,3.57°)

2.求下列平方根的近似值

$$\sqrt{26}, \sqrt{60}$$

$$\left(提示:\sqrt{26} = \sqrt{25+1} = 5\sqrt{1 + \frac{1}{25}}\right)$$

(答:5.02,7.75)

3.拔一个梢,尺寸如图 3—23 所示,求锥度.

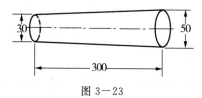

图 3—23

4. 曲柄连杆的运动规律是

$$s = \sqrt{l^2 - r^2 \sin^2 \omega t} - r\cos \omega t$$

①简化上式中的开方项.

②根据简化后的结果,求运动的加速度.

5. 图 3-24 是一个凸透镜,透镜凸面半径是 R,透镜的口径是 $2H$,H 比 R 小.

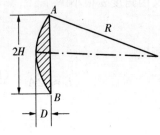

① 证明 $D \approx \dfrac{H^2}{2R}$.

② 设 $2H = 50$ mm,$R = 100$ mm,求 D.

(答:3.12 mm)

图 3-24

二、误差估计

在生产实践中,实际测量和计算得到的数值,一般都是近似值. 使用这些近似的数值时,经常要讨论近似的程度,也就是要估计出它与准确值的差. 这就是误差估计问题.

1. 绝对误差和相对误差.

例 3.16　设有圆钢,直径的实际尺寸是 60 mm,用卡尺测量,量得 60.03 mm

$$|60-60.03| = 0.03 \text{ mm}$$

叫测量的绝对误差. 这个误差占总长度的百分比

$$\frac{0.03}{60.03} = 0.000\,5 = 0.05\%$$

叫测量的相对误差.

实际工作中,真正尺寸不知道. 如果测量的误差不超过 0.05 mm,就认为绝对误差是 0.05 mm,相对误差是

$$\frac{0.05}{60.03} = 0.08\%$$

以后所说的误差,都是指实际误差的界限.

一般,如果测量一个量 A,得到近似值 a,知道 $|a-A|$ 不超过 δ,则

δ 叫测量的绝对误差

$\dfrac{\delta}{a}$ 叫测量的相对误差

2. 利用微分估计误差.

例 3.17　设要求例 3.16 中圆钢的面积 S,就要由测得的直径近似值 $D = 60.03$ mm,利用公式

$$S = \frac{\pi}{4} D^2$$

计算出来. 因为直径的值是近似的, 所以算出面积的值也是近似的. 已知测量的误差是 0.05 mm, 怎么估算出面积的误差呢?

这只需求出 D 改变 0.05 时, 面积会差多少. 即求 $\Delta D = 0.05$ 时, $\Delta S = ?$ 利用微分近似增量, 可得

$$\Delta S \approx \mathrm{d}S = \frac{\pi}{2} D \Delta D$$

代入 $D = 60.03$, $\Delta D = 0.05$, 得面积的绝对误差

$$\mathrm{d}S = \frac{\pi}{2} \times 60.03 \times 0.05 = 4.7 \ \mathrm{mm}$$

面积的近似值是

$$S = \frac{\pi}{4} \times 60.03^2 = 2\,830 \ \mathrm{mm}^2$$

相对误差

$$\frac{\mathrm{d}S}{S} = \frac{4.7}{2\,830} = 0.001\,6 = 0.16\%$$

例 3.16 中求了直径的相对误差是 0.08%, 这里, 面积的相对误差是直径的相对误差的两倍. 这个结果具有一般性. 面积的相对误差是 $\dfrac{\mathrm{d}S}{S}$, 直径的相对误差是 $\dfrac{\mathrm{d}D}{D}$, 而

$$\frac{\mathrm{d}S}{S} = \frac{\frac{\pi}{2} D \mathrm{d}D}{\frac{\pi}{4} D^2} = 2 \frac{\mathrm{d}D}{D}$$

所以, 一般地说, 面积的相对误差是直径的相对误差的两倍.

对于一般的函数 $y = f(x)$, 如果由 x 计算 y 时, x 有误差 Δx, 则算出的 y 值有绝对误差

$$|\,\mathrm{d}y\,| = |\,f'(x)\Delta x\,|$$

相对误差

$$\left|\,\frac{\mathrm{d}y}{y}\,\right| = \left|\,\frac{f'(x)\Delta x}{f(x)}\,\right|$$

例 3.18　测距仪的计算误差.

图 3-25 中, 点 A 代表被测目标, BC 代表测距仪的基线. 利用三角关系有

$$D = \frac{a}{2\sin\dfrac{A}{2}}$$

因为视差角 A 很小(例如 $BC=1$ m,测量距离 $D=2\,000$ m,顶角 A 只有 $1'43''$),根据 $\sin\dfrac{A}{2}\approx\dfrac{A}{2}$,计算距离时用公式

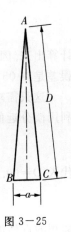

$$D=\frac{a}{A} \qquad\qquad (3-17)$$

测出视差角 A,就能算出距离 D,D 的计算误差是由基线长度 a 的误差和视差角 A 的误差两个因素造成的.

由于基线长度是由机械结构控制的,可以做得比较准确,它的误差比视差角的误差小得多,所以基线误差可以忽略不计. 我们只讨论视差角误差产生的影响. 由式(3—17)

$$|\,\mathrm{d}D\,|=\left|-\frac{a}{A^2}\mathrm{d}A\right|=\frac{a}{A^2}\,|\,\mathrm{d}A\,|$$

图 3—25

代入 $A=\dfrac{a}{D}$,得

$$|\,\mathrm{d}D\,|=\left|\frac{D^2}{a}\right|\,|\,\mathrm{d}A\,|$$

84

这表明,测量误差与基线长度成反比,与所测距离的平方成正比.

设基线 $a=1$ m,测量距离分别为 400 m 和 $1\,000$ m,视差角误差是 $10''=0.000\,05$ 弧度.

对 400 m 测量

$$绝对误差=\frac{400^2}{1}\times0.000\,05=8 \text{ m}$$

$$相对误差=\frac{8}{400}=2\%$$

对 $1\,000$ m 测量

$$绝对误差=\frac{1\,000^2}{1}\times0.000\,05=50 \text{ m}$$

$$相对误差=\frac{50}{1\,000}=5\%$$

练　习

1.测得圆钢直径 30.1 mm,已知其误差为 0.05 mm,求根据测出的直径长度算出的面积的绝对误差、相对误差.

2.为了在钢板上打出 $85°$ 的斜孔,需要把钢板的一头垫高,使钢板与平台成 $5°$ 角(图 3—26),求垫片高度.如果实际垫的高度有 1% 的误差,求打出孔的

斜度的绝对误差.

（答：高度 175 mm，误差 2′59″）

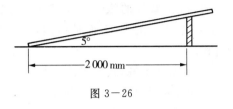

图 3—26

3. 某汽车发动机作油耗试验，试验时间 $t=64\pm0.1$ s，耗油 $G=318\pm1$ g. 求每小时耗油多少千克. 这样算出的油耗量相对误差是多少？

（答：耗油 17.9 kg/h，误差 0.47%）

4. 在精密分光计上，用最小偏向角法测定玻璃的折射率. 方法是用被测的玻璃做成三棱镜，光束由 AB 面射入，由 AC 面射出. $\angle BAC=\theta$ 叫棱镜角. 入射光束与出射光束交成的角叫偏向角. 用分光计测出 θ 和最小偏向角 δ，可用公式

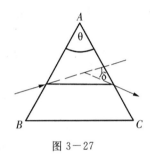

图 3—27

$$n=\frac{\sin\dfrac{\theta+\delta}{2}}{\sin\dfrac{\theta}{2}}$$

算出折射率 n.

今测得 $\theta=60°$，$\delta=38°34′16″$，算出 $n=1.515\,93$，已知测量 θ 和 δ 时的误差是 $2″$，求算出的折射率 n 的误差.

（提示：分别算 θ 和 δ 引起的误差，然后相加.）

（答：所求误差是 1.17×10^{-5}）

第五节　最大最小值问题和最小二乘法

在生产生活中，经常会遇到怎样使材料最省，燃料最少，功率最大等问题.

生产中这类"最省、最少、最大"等问题，在数学上叫最大最小值问题. 微分法是解决这类问题的一个工具. 我们先看一个实例.

一、实例

某工厂利用废旧材料，焊了一个房架，要把它吊到 6 m 高的柱子上. 厂里只有一辆吊臂长 15 m 的汽车吊. 能不能把这个房架吊到柱子上去呢？当场大家开了一个"献策会"，人人想办法，个个出主意，群策群力，房架顺利地吊到柱子上，问题很快得到解决.

当时参加这项工作的几个人，正好刚学过微积分. 他们从分析具体问题出发，运用有关的数学知识，经过计算，求出了汽车吊能吊的最大高度，计算结果

85

说明,这种型号的汽车吊能够将房架吊到 6 m高的柱子上去. 下面是他们解决问题的过程.

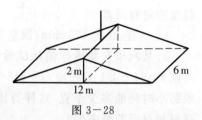

图 3—28

(1)提出问题,找出规律.

房架尺寸如图 3—28 所示,根据实践经验,汽车吊能把房架吊上的高度决定于吊臂的张角 φ (图 3—29),现在的问题是要知道最高能吊多高. 从具体问题分析来看,吊臂的张角 φ 大了或小了都吊不高,φ 多大时才能吊得最高呢? 这就首先要找出规律来,也就是要求出高度 h 与角度 φ 的函数关系.

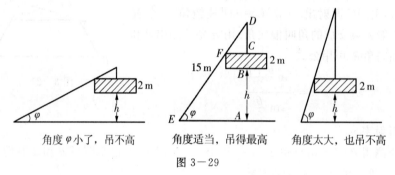

角度 φ 小了,吊不高　　角度适当,吊得最高　　角度太大,也吊不高

图 3—29

由图 3—29 有

$$h = AB = AD - BC - CD$$

$$AD = ED\sin\varphi, \quad CD = CF\tan\varphi$$

$$ED = 15 \text{ m}, \quad BC = 2 \text{ m}, \quad CF = 3 \text{ m}$$

则

$$h = 15\sin\varphi - 3\tan\varphi - 2 \tag{3—18}$$

显然角 φ 只能在 $0°$ 到 $90°$ 的范围内变化.

他们先进行了试算,大致看看,加大角度 φ,高度 h 怎么变化(表 3—2).

表 3—2

φ	$15\sin\varphi$	$3\tan\varphi + 2$	h
$10°$	2.62	2.53	0.09
$30°$	7.50	3.73	3.77
$50°$	11.50	5.57	5.93
$70°$	14.10	10.25	3.95

从这些数据中可以看到:高度 h 随着张角 φ 的变化是,先随 φ 增大而变大;

86

当变到一定程度后，φ 再增大，h 反而减小. 问题就在于要找出这个 h 由增变减的转折点，这是解决问题的关键. 从表 3—2 中看，这个转折点大约在 $\varphi=50°$ 左右.

这就抓住了问题的关键，由于 h 是 φ 的函数，要解决问题就必须分析清楚 h 随 φ 而变化的情形.

（2）利用变化率分析函数的变化.

变化率是分析函数变化的工具之一. 将式（3—18）对 φ 求变化率，得

$$h'=15\cos\varphi-\frac{3}{\cos^2\varphi} \qquad (3-19)$$

根据变化率的性质可知，当 $h'>0$ 时，φ 增大，h 也增大；而当 $h'<0$ 时，φ 增大，h 减小. h 由增加到减小的转折点，也就是使 $h'=0$ 的点. 从图 3—30 看出，在这一点曲线的切线平行于 x 轴.

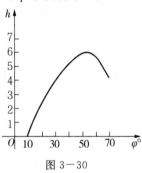

图 3—30

87

由式（3—19）求出使 $h'=0$ 的点，即解方程

$$15\cos\varphi-\frac{3}{\cos^2\varphi}=0$$

得

$$\cos\varphi=\sqrt[3]{\frac{1}{5}}\approx 0.586$$

查表得

$$\varphi=54°$$

φ 在 $0°$ 到 $90°$ 的范围内：

当 $\varphi<54°$ 时，$h'>0$，h 随 φ 的增大而增大；

当 $\varphi>54°$ 时，$h'<0$，h 随 φ 的增大而减小.

所以，当 $\varphi=54°$ 时，h 达到最大值. 从图像上看，它在 $\varphi-54°$ 的地方，有一个凸峰. 这就说明，此时 h 最大.

当 $\varphi=54°$ 时，求得最大的 h

$$h=15\sin54°-3\tan54°-2$$
$$=15\times0.808-3\times1.378-2$$
$$=5.99\ \text{m}$$

这个结果说明，当吊臂张角为 $54°$ 时，汽车吊能把房架吊高约 $6\ \text{m}$. 再加上汽车车身高 $1.5\ \text{m}$，可以肯定，能用它把房架吊到 $6\ \text{m}$ 高的柱子上.

二、求最大最小值的方法

上例解决问题的思路与步骤具有代表性. 现在总结一下，推广到一般的求

最大值或最小值的情形.

第一步 具体分析,找出函数.

先要对具体问题作具体分析.看所要讨论的量(如上例中高度 h)是哪个自变量(如上例中张角 φ)的函数,并求出函数关系(如上例中式(3—18)).

一般,设讨论的量 y 是某一自变量 x 的函数

$$y = y(x)$$

在 x 的实际变化范围(如上例中 $0° < \varphi < 90°$)内,看 y 的变化.如果经过具体分析就能找到 y 什么时候最大,或什么时候最小,问题就解决了.如果直接找不到,就可以利用变化率来找.

第二步 利用变化率,寻找函数 y 增减的转折点.

求出 y',它也是 x 的一个函数 $y'(x)$.找出使

$$y'(x) = 0$$

的点,即解这个方程,求出方程的根 x_0(如上例中 $\varphi = 54°$).

第三步 具体判断 $x = x_0$ 时,y 是否达到最大值或最小值.

(1)若在 x_0 前后,y' 由正变负,则 y 由增变减,$x = x_0$ 时 y 最大(图3—31);

(2)若在 x_0 前后,y' 由负变正,则 y 由减变增,$x = x_0$ 时 y 最小(图3—32).

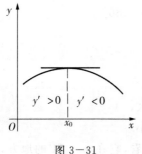

图 3—31

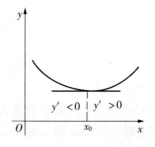

图 3—32

表 3—3

	$x < x_0$	$x = x_0$	$x > x_0$
y'	$+$	0	$-$
y	增	最大	减
y'	$-$	0	$+$
y	减	最小	增

88

三、例

总结了求最大最小值的一般规律,我们就可以用它来解决一些实际问题.

例 3.19 有一块正方形铝板,边长 48 cm,从四角各去掉一小块正方形,作成一个无盖铝盒.问去掉多少,做成的铝盒容积最大(图 3−33).

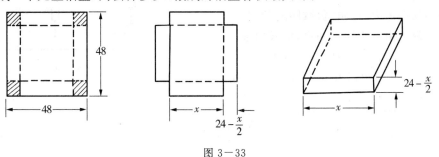

图 3−33

解 首先从具体问题出发,找出函数关系.设做成的盒子底宽为 $x(0<x<48)$,则

$$高 = \frac{48-x}{2} = 24 - \frac{x}{2}$$

89

$$盒子容积 = 底面积 \times 高$$

用 V 表示容积,则

$$V = x^2 \left(24 - \frac{x}{2}\right) = 24x^2 - \frac{x^3}{2} \tag{3−20}$$

通过粗略的分析可以看出,若 x 太大(即去的角很小),盒子很浅,容积大不了.同样的,若 x 太小(即去掉的角太大),盒子底很小,容积也大不了.只有 x 合适,才能使容积最大.这就要分析 V 随 x 变化的情形.

先求变化率 V'.由式(3−20)得

$$V' = 48x - \frac{3}{2}x^2 \tag{3−21}$$

再求 $V'=0$ 的点,即解方程

$$48x - \frac{3}{2}x^2 = 0$$

得 $\qquad x=0$ 或 $x=32$

$x=0$ 不合实际.由式(3−21)可知:

当 $x<32$ 时,$V'>0$,V 随 x 的增大而增大;

当 $x>32$ 时,$V'<0$,V 随 x 的增大而减小.

所以,$x=32$ 时,做出的盒子最大,它的容积

$$V = 32^2 \times (24 - 16) = 8\,192\ \text{cm}^3$$

由此可知,四角去掉的小正方形边长应是 8 cm.

例 3.20 在电子线路中,求当电源电压 u_1 和线路电阻 r(包括内阻)给定时,负载电阻 R 多大,输出功率最大.这叫"负载匹配"问题.

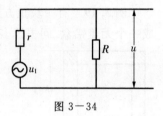

图 3—34

解 由电学知识知道,负载功率

$$P = iu = i^2 R$$

其中 i 为流过电阻 R 的电流,u 为加在 R 两端的电压,又因为

$$i = \frac{u_1}{r + R}$$

所以

$$P = \frac{u_1^2 R}{(r + R)^2} \quad (u_1, r \text{ 是常数})$$

这说明 P 是 R 的函数,现在的问题是 R 为何值时 P 取最大值.

先求 P 对 R 的变化率

$$P' = u_1^2 \left[\frac{1}{(r + R)^2} + R \left(\frac{1}{(r + R)^2} \right)' \right]$$

$$= u_1^2 \left[\frac{1}{(r + R)^2} - \frac{2R}{(r + R)^3} \right]$$

$$= u_1^2 \frac{r - R}{(r + R)^3}$$

可见,当 $R = r$ 时,$P' = 0$,即当负载电阻与线路电阻相等时,负载功率最大.

练　习

1. 设 $y = x^2 - 2x - 1$,求 x 为何值时,y 最小.做出函数的图像.

2. 设 $y = 2x - 5x^2$,求 x 为何值时,y 最大.做出函数的图像.

3. 用一直径 30 cm 的圆木做一矩形梁(图 3—35),已知矩形梁的强度 $P = kbh^2$(k 是比例系数),求 b 为多大时,梁的强度最大.

（提示:利用 $b^2 + h^2 = 30^2$）

4. 铁路线上 AB 段的距离为 100 km,工厂 C 距 A 为 20 km,AC 垂直于 AB(图 3—36).今要在 AB 中间一点 D 向工厂 C 修一条公路,使从原料供应站 B 运货到工厂 C 所用运费最省.问点 D 应选在何处?(已知货运每一公里,铁路运费与公路运费之比是 3∶5)

（答:$AD = 15$ km）

90

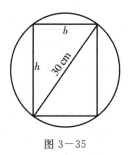

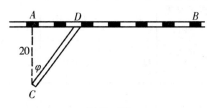

图 3－35　　　　　　　　　　　　　图 3－36

5.用一块半径为 R 的圆形铁片做一个漏斗.问圆心角 φ 多大时,做成的漏斗容积最大.

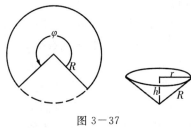

图 3－37

91

（提示:圆锥口周长 $= R\varphi$,圆锥体积 $= \dfrac{1}{3}\pi r^2 h$）

（答: $\varphi = 294°$）

四、最小二乘法

　　土流量计只是一只旧玻璃管,内部用废氢氟酸腐蚀成锥形（图 3－38 是土流量计的纵剖面图）.再用有机玻璃车一个小浮子,放在管内就成了.气体进入玻璃管,就把小浮子吹起来了;流量大时小浮子飘得高,流量小时飘得低.由小浮子的高度,就能确定流量的大小.

　　为了用土流量计测定流量的大小,就要测定流量 Q 与小浮子高度 h 之间的函数关系,做出刻度来.这一节的目的,就是讨论如何根据一组实测数据,推测出 Q 与 h 的函数关系.

　　根据实际数据寻找函数关系,是生产实践和科学实验中常遇到的问题,通常叫配曲线或找经验公式,我们就用这个例子说明处理这类问题的一种方法.

　　表 3－4 是对一个土流量计实测的一组数据.

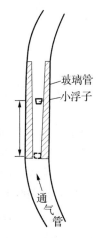

图 3－38

表 3—4

小浮子高度 h/cm	$h_1 = 5$	$h_2 = 10$	$h_3 = 15$	$h_4 = 20$	$h_5 = 25$	$h_6 = 28$
流量 Q （升/分）	$Q_1 = 0.04$	$Q_2 = 0.14$	$Q_3 = 0.27$	$Q_4 = 0.48$	$Q_5 = 0.87$	$Q_6 = 1.13$

问题是根据这些数据，找出 Q 与 h 间的一个函数关系

$$Q = Q(h)$$

使得这些数据代入进去大体适合．说大体适合，是因为影响流量的因素很多，实验又有误差，所以只能得到 Q 与 h 的近似关系．

首先要确定的是 $Q(h)$ 接近哪一类函数（如线性函数、二次函数、幂函数等），这要具体分析数据，看 Q 随 h 是按什么规律变化的．最好在方格纸上把一对对数据画出对应的点来（图 3—39），从中观察其变化的规律．把这里 Q 随 h 变化的情形，与我们掌握的函数变化规律对比，看接近于什么函数．从图 3—39 看，函数图像不是直线，而是曲线，大体上像个抛物线．

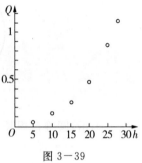

图 3—39

再对具体现象进行分析，锥形管越往上，截面积越大，流量 Q 是与截面面积有关的，截面半径与高度 h 成正比．因为面积是半径的二次函数，因而设想 Q 是 h 的二次函数是合理的．

二次函数的一般形式是

$$Q = ah^2 + bh + c \tag{3-22}$$

其中 a, b, c 是常数．现在 $h = 0$ 时 $Q = 0$，肯定 $c = 0$．因此，我们设

$$Q = ah^2 + bh \quad (a, b \text{ 是待定常数}) \tag{3-23}$$

为了便于领会，便于比较，我们分两步．先只设一项

$$Q = ah^2 \quad (a \text{ 是待定常数}) \tag{3-24}$$

第二步再作一般形式（3—23）的．

1. 求 $Q = ah^2$ 型经验公式．

选定了函数关系，以下就是怎样确定合理的系数 a 了，取一对数据，如 $h_1 = 5, Q_1 = 0.04$，代进式（3—24）中，得

$$0.04 = a \times 5^2 = 25a$$

解出

$$a = \frac{0.04}{25} = 0.001\,5$$

能不能就认为 $Q=0.001\,5h^2$ 呢？不能. 这样的话，别的数据就相差很多（图3-40）. 所以，不能只管一对数据，其他都不管.

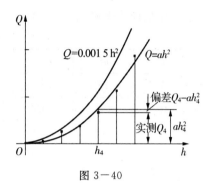

图 3-40

实际上，不可能选出一个 a，使全部数据代入式（3-24）都正好. 合理的办法是，选出这样的 a，使得每个 h_i 代入式（3-24）得到的函数值，与实测值 Q_i 之差

$$Q_i - ah_i^2 \quad (i=1,2,3,4,5,6)$$

都很小. 怎么才算很小呢？把偏差都加起来看大小行不行呢？不行. 因为偏差有正有负，可能抵消. 这样做，即使偏差和很小，并不能保证各个偏差都小. 为了解决偏差有正负的矛盾，可考虑把偏差平方后再相加，使偏差的平方和

$$U = \sum_{i=1}^{6} (Q_i - ah_i^2)^2 ^{①} \tag{3-25}$$

最小，由偏差平方和最小的条件确定系数 a，这种方法叫最小二乘法.

明确了根据什么条件确定 a 以后，以下就是怎么求 a 了. 式（3-25）中 h_i，Q_i 都是已知数. 偏差的平方和 U 是随着 a 变化的，所以 U 是 a 的函数. 问题就是 a 为何值时，U 取最小值. 根据求最大最小值的方法，这只需让

$$U'_a = -\sum_{i=1}^{6} 2(Q_i - ah_i^2) \cdot h_i^2 = 0$$

即

$$\left(\sum_{i=1}^{6} h_i^4 \right) a = \sum_{i=1}^{6} Q_i h_i^2 \tag{3-26}$$

解方程（3-26），a 就算出来了.

---

① $\sum$ 是求和的简写符号

$$\sum_{i=1}^{6} (Q_i - ah_i^2)^2 = (Q_1 - ah_1^2)^2 + (Q_2 - ah_2^2)^2 +$$
$$(Q_3 - ah_3^2)^2 + (Q_4 - ah_4^2)^2 +$$
$$(Q_5 - ah_5^2)^2 + (Q_6 - ah_6^2)^2$$

即 $\sum_{i=1}^{6}$ 表示把 $i=1,2,3,4,5,6$ 时的 $(Q_i - ah_i^2)^2$ 全加起来.

下面是计算表格(表 3-5).

表 3-5

h_i	h_i^2	h_i^3	h_i^4	Q_i	$Q_i h_i^2$	$Q_i h_i$
5	25	125	625	0.04	1.00	0.20
10	100	1 000	10 000	0.14	14.00	1.40
15	225	3 375	50 625	0.27	60.75	4.05
20	400	8 000	160 000	0.48	192.00	9.60
25	625	15 625	390 625	0.87	543.75	21.75
28	784	21 952	614 656	1.13	885.92	31.64
$\sum$	2 159	50 077	1 226 531		1 697.42	68.64

把 $\sum\limits_{i=1}^{6} h_i^4$ 和 $\sum\limits_{i=1}^{6} Q_i h_i^2$ 的值代入式(3-26),得

$$1\ 226\ 531a = 1\ 697.42$$

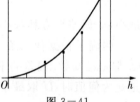

图 3-41

解得

$$a = 0.001\ 38$$

即用 $Q = ah^2$ 型经验公式时

$$Q = 0.001\ 38h^2 \qquad (3-27)$$

由式(3-27)求出函数值与实测值比较,得表 3-6.

表 3-6

h_i	5	10	15	20	25	28
实测 Q_i	0.04	0.14	0.27	0.48	0.87	1.13
计算 Q_i	0.035	0.138	0.310	0.552	0.862	1.082
偏 差	0.005	0.002	-0.040	-0.072	0.008	0.048

偏差的平方和 $U = 0.009\ 2$,它的平方根 $\sqrt{U} = 0.096$ 叫均方误差.它的大小在一定程度上反映了这条曲线近似的好坏.

2.求 $Q = ah^2 + bh$ 型经验公式.

这时,偏差是

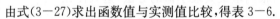

$$Q_i - ah_i^2 - bh_i$$

确定 a, b 的条件是使偏差的平方和

$$U = \sum_{i=1}^{6} (Q_i - ah_i^2 - bh_i)^2 \qquad (3-28)$$

最小.

与前面不同的是，a,b 两个系数都可以变，U 是 a,b 两个自变量的函数，这是二元函数. 问题是怎么确定 a,b 使 U 最小.

在两个自变量的情形中，可以先固定一个不变. 例如，先固定 b，问题转化为：当 a 变化时，U 什么时候最小. 我们知道，这时应使

$$U'_a = 0 \ (b \text{ 看作常数}) \qquad (3-29)$$

然后再固定 a 不变，考虑 b 变时，U 什么时候最小. 这时应使

$$U'_b = 0 \ (a \text{ 看作常数}) \qquad (3-30)$$

因此，要问 a,b 是多大时，U 最小？这就要使（3—29）和（3—30）两式同时成立. 由式(3—28)有

$$U'_a = -\sum_{i=1}^{6} 2(Q_i - ah_i^2 - bh_i) \cdot h_i^2$$

$$U'_b = -\sum_{i=1}^{6} 2(Q_i - ah_i^2 - bh_i) \cdot h_i$$

所以，a,b 应使

$$\begin{cases} \sum_{i=1}^{6} (Q_i h_i^2 - ah_i^4 - bh_i^3) = 0 & (3-31) \\ \sum_{i=1}^{6} (Q_i h_i - ah_i^3 - bh_i^2) = 0 & (3-32) \end{cases}$$

式（3—31）和(3—32)中 a,b 是未知数，其余都是已知的. 把括号中的项进行整理、合并，把 a,b 分离出来，可写成

$$\begin{cases} \left(\sum_{i=1}^{6} h_i^4\right) a + \left(\sum_{i=1}^{6} h_i^3\right) b = \sum_{i=1}^{6} Q_i h_i^2 \\ \left(\sum_{i=1}^{6} h_i^3\right) a + \left(\sum_{i=1}^{6} h_i^2\right) b = \sum_{i=1}^{6} Q_i h_i \end{cases}$$

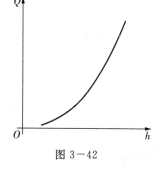

图 3—42

这是 a,b 两个未知数的二元一次方程组，把表 3—5 中算出的各值代入，得联立方程组

$$\begin{cases} 1\ 226\ 531a + 50\ 077b = 1\ 697.42 \\ 50\ 077a + 2\ 159b = 68.64 \end{cases}$$

可解出

95

$$\begin{cases} a = 0.001\,62 \\ b = -0.005\,81 \end{cases}$$

所求经验公式是

$$Q = 0.001\,62h^2 - 0.005\,81h \qquad (3-33)$$

由式(3−33)算出函数值,与实测值比较如表3−7.

表 3−7

h_i	5	10	15	20	25	28
实测 Q_i	0.04	0.14	0.27	0.48	0.87	1.13
计算 Q_i	0.011	0.104	0.277	0.532	0.867	1.107
偏 差	0.029	0.036	−0.007	−0.052	0.003	0.023

偏差的平方和 $U = 0.006\,0$,均方误差是 0.077. 可见,从总体讲,用两项 $ah^2 + bh$ 比只用一项 ah^2 的结果好些. 特别这个流量计主要用大流量部分,而对大的 h 值,式(3−33)比式(3−27)更接近实测数据. 因此,选用式(3−33)在流量计上作刻度.

这样配出的经验公式,还要在实践中检验,与实际不符时,再作修改.

小　　结

根据实验数据配曲线或找经验公式的主要步骤如下:

第一步　确定函数类型.

这主要根据对数据与实际情况的分析,尽量选择简单的函数类型,实际上用得最多的是线性函数. 在选好函数类型之后,就要写出偏差平方和公式. 如果选定线性函数类型

$$y = ax + b$$

设 $(x_i, y_i)(i = 1, 2, \cdots, n)$ 是一组实测数据,在配直线时,就要使其偏差平方和

$$U = \sum_{i=1}^{n} (y_i - ax_i - b)^2$$

最小.

第二步　解最小值问题.

根据取最小值时其变化率等于零的原理,列出求 a 和 b 的方程,在配直线时,方程是

$$\begin{cases} U'_a = -\sum_{i=1}^{n} 2(y_i - ax_i - b) \cdot x_i = 0 \\ U'_b = -\sum_{i=1}^{n} 2(y_i - ax_i - b) = 0 \end{cases}$$

再整理成

$$\begin{cases} \left(\sum_{i=1}^{n} x_i^2\right) a + \left(\sum_{i=1}^{n} x_i\right) b = \sum_{i=1}^{n} y_i x_i & (3-34) \\ \left(\sum_{i=1}^{n} x_i\right) a + nb = \sum_{i=1}^{n} y_i & (3-35) \end{cases}$$

算出方程的系数,代入式(3－34)和(3－35)解出 a 和 b 就得到经验公式.

第三步　比较.

再将 $x_i(i=1,2,\cdots,n)$ 分别代入经验公式,把算出的数值与实测数据 y_i 比较,如果不符合要求的近似程度,就要改变所选的函数类型或补加修正项,再作计算.

解决问题的总体思想就是,既要仔细研究、分析实际情况,又要熟悉各种函数的变化规律,而后再进行综合考虑.

练　　习

1.某化工厂在一项技术革新中,需要知道醋酸的热容 C_p 和绝对温度 T 的关系,但只有五组实验数据,如表 3－8 所示.

表 3－8

$T(^{\circ}K)$	293	313	343	363	383
C_p	28.98	30.2	32.9	35.9	38.8

试根据这五组数据,用最小二乘法求一个经验公式.

（提示:看作线性函数）

2.北京永定机械厂群钻研究小组多年来进行了大量的科学实验,创造了多种新型钻头.标准群钻优点很多,钻钢材时,67 型群钻的轴向力比标准麻花钻降低 $35\%\sim47\%$,扭矩约降低 $10\%\sim30\%$.

下面是群钻小组测得的一组试验数据(表 3－9).试验材料为硬度 HB 241 的碳钢(45),钻头直径 $D=18.9$ mm,转速＝265 转/分. 在这种条件下,改变走刀量,测得扭矩的试验数据.

表 3－9

走刀量 $S/(\text{mm}/\text{转})$	0.09	0.15	0.2	0.26
扭矩 $M(\text{kg}/\text{m})$	1.4	2.1	2.65	3.4

根据这些数据,求扭矩与走刀量的关系的经验公式.

① 求一个线性公式(注意:$S=0$ 时 $M=0$).

② 求一个幂函数型公式 $M=as^b$(a,b 是待定常数).

(提示:求 $\sum\limits_{i=1}^{4}[\lg M_i-(a+b\lg s)]^2$ 最小的 a,b)

③ 比较两个公式哪一个更接近试验数据?

第四章　积分和简单微分方程

在第二章中,我们通过计算面积、体积和路程等问题,对微分和积分这一对矛盾做了初步分析,解决了一些积分问题.在有了变化率的概念以后,又研究了微分、积分和变化率、原函数之间的关系,得到了微积分的基本公式.在第三章中详细分析了微分问题,学习了微分计算法.这样,我们就有条件进一步解决积分问题.

这一章我们着重研究如何利用积分解决实际问题.

第一节　积分的计算方法和简单应用

一、积分的基本公式

第二章最后,我们研究了微分和积分以及变化率和原函数之间的关系,认识到积分是微分的"还原",得到了微积分的基本公式

$$\int_a^b f(x)\mathrm{d}x = F(x)\Big|_a^b = F(b) - F(a) \tag{4-1}$$

这里积分号中的函数 $f(x)$ 称为被积函数,并且符合条件 $F'(x)=f(x)$,即 $f(x)$ 是 $F(x)$ 的变化率,或者说 $F(x)$ 是被积函数 $f(x)$ 的原函数. $F(b)-F(a)$ 就是原函数的改变量.

用一个简单的例子把这个公式的用法复习一下.

例 4.1　求 $\int_2^3 2x\mathrm{d}x$.

解　与基本公式相比较,这里 $f(x)=2x$,所以,问题转化为求 $F(x)$,使 $F'(x)=2x$. 根据微分公式: $(x^2)'=2x$,所以 $F(x)=x^2$,于是

$$\int_2^3 2x\mathrm{d}x = x^2\Big|_2^3 \text{（找出原函数 } y=x^2\text{）}$$
$$= 3^2 - 2^2 \text{（代入上、下限）}$$
$$= 5$$

这里要说明一点,原函数不止一个.上例中 x^2 是 $2x$ 的一个原函数,而 x^2+c 也是 $2x$ 的原函数(c 是任意常数).因为

$$(x^2+c)'=(x^2)'+(c)'=2x+0=2x$$

但用公式(4−1)计算积分时,只需任取其中一个就行了.譬如可以取 x^2+4 作为 $2x$ 的原函数,于是

$$\int_2^3 2x\mathrm{d}x=(x^2+4)\Big|_2^3=(3^2+4)-(2^2+4)$$
$$=3^2-2^2=5$$

两个括号中的 4 相消,得到与上面相同的结果.

一般来说,一个函数 $f(x)$ 的原函数虽然很多,但是各原函数之间仅差一个常数,如果 $F(x)$ 是 $f(x)$ 的一个原函数,可以得出,它的所有原函数是 $F(x)+c$(c 为任意常数).我们通常用去掉积分上下限的记号即 $\int f(x)\mathrm{d}x$ 来表示 $f(x)$ 的所有原函数

$$\int f(x)\mathrm{d}x=F(x)+c$$

它叫作不定积分.而把 $\int_a^b f(x)\mathrm{d}x$ 叫作定积分(注意:不定积分是函数,而定积分则是一个具体数值).计算定积分时是求原函数的两个值之差,这个常数就抵消了,所以通常在定积分计算时就不考虑常数 c,而只用 $F(x)$ 表示 $f(x)$ 的原函数.但有的问题中,要求全体原函数,就不应将 c 略掉.

二、基本积分表和两个简单的积分运算法则

既然求原函数是求变化率的逆运算,那么把第三章中的基本微分公式倒过来就可以得到求原函数的基本公式了

$$(kx)'=k \qquad\longrightarrow\qquad \int k\mathrm{d}x=kx+c$$

$$(x^{n+1})'=(n+1)x^n \qquad\longrightarrow\qquad \int x^n\mathrm{d}x=\frac{1}{n+1}x^{n+1}+c\,(n\neq-1)$$

$$(\cos x)'=-\sin x \qquad\longrightarrow\qquad \int \sin x\mathrm{d}x=-\cos x+c$$

$$(\sin x)'=\cos x \qquad\longrightarrow\qquad \int \cos x\mathrm{d}x=\sin x+c$$

$$(\mathrm{e}^x)'=\mathrm{e}^x \qquad\longrightarrow\qquad \int \mathrm{e}^x\mathrm{d}x=\mathrm{e}^x+c$$

$$(\ln x)'=\frac{1}{x} \qquad\longrightarrow\qquad \int \frac{1}{x}\mathrm{d}x=\ln x+c$$

其中 k,n 为常数,c 为任意常数.

右边的几个公式叫基本积分表,是积分计算的基础,要熟记.

例 4.2
$$\int_0^1 \sqrt{x}\, \mathrm{d}x = \int_0^1 x^{\frac{1}{2}}\, \mathrm{d}x$$

$$= \frac{1}{1+\dfrac{1}{2}} x^{1+\frac{1}{2}} \Big|_0^1$$

$$= \frac{2}{3} x^{\frac{3}{2}} \Big|_0^1 = \frac{2}{3}(1-0) = \frac{2}{3}$$

同样地,由基本微分公式
$$[u(x) + v(x)]' = u'(x) + v'(x)$$
$$[ku(x)]' = ku'(x)$$

其中 k 为常数. 可以相应地得到基本积分公式

$$\int [f(x) + g(x)]\mathrm{d}x = \int f(x)\mathrm{d}x + \int g(x)\mathrm{d}x \qquad \text{(分项积分)}$$

$$\int kf(x)\mathrm{d}x = k\int f(x)\mathrm{d}x \qquad \text{(提常数因子)}$$

我们来说明一下公式
$$\int [f(x) + g(x)]\mathrm{d}x = \int f(x)\mathrm{d}x + \int g(x)\mathrm{d}x$$

设
$$\int f(x)\mathrm{d}x = F(x), \text{即 } F'(x) = f(x)$$

$$\int g(x)\mathrm{d}x = G(x), \text{即 } G'(x) = g(x)$$

则
$$[F(x) + G(x)]' = F'(x) + G'(x)$$

即
$$[F(x) + G(x)]' = f(x) + g(x)$$

这等式说明,$f(x) + g(x)$ 的原函数是 $F(x) + G(x)$,写成式子就是

$$\int [f(x) + g(x)]\mathrm{d}x = F(x) + G(x) = \int f(x)\mathrm{d}x + \int g(x)\mathrm{d}x$$

对另一公式可同样说明.

例 4.3 汽车刹车时,大体上是按等减速度停车的,根据车的刹车性能及道路情况,一辆汽车的等减速度是 $a = 5\ \mathrm{m/s^2}$,若此车正以每小时 30 km 的速度行驶,突然发现情况,紧急刹车,问:

(1)需要多少时间,车才能停下来?

(2)这段时间,汽车要走多少距离?

解 (1) $t = 0$ 时,汽车速度 $v_0 = 30\ \mathrm{km/h} = \dfrac{30 \times 10^3\ \mathrm{m}}{3\ 600\ \mathrm{s}} = 8.33\ \mathrm{m/s}$. 刹车后,汽车减速行驶,速度为

$$v(t)=v_0-at=8.33-5t$$

设汽车在 $t=t_1$ 时停止，即 $v(t_1)=0$，代入上式得出 $t_1=\frac{8.33}{5}=1.67$ s.

(2) 这段时间汽车走过的距离是

$$s=\int_0^{1.67}v(t)\,\mathrm{d}t=\int_0^{1.67}(8.33-5t)\,\mathrm{d}t$$

利用分项积分公式得

$$\begin{aligned}s&=\int_0^{1.67}(8.33-5t)\,\mathrm{d}t\\&=\int_0^{1.67}8.33\,\mathrm{d}t-\int_0^{1.67}5t\,\mathrm{d}t\\&=8.33t\Big|_0^{1.67}-\frac{5}{2}t^2\Big|_0^{1.67}\\&=8.33\times1.67-\frac{5}{2}\times1.67^2=6.94\text{ m}\end{aligned}$$

三、积分计算的方法

能够直接应用基本积分表计算积分的实际问题是很少的，常常需要我们进行一定的变换.

例 4.4 求正弦交流电电流的平均值.

正弦交流电表示为 $i(t)=I_m\sin\omega t$（图 4－1），其中 I_m——电流最大值，ω——角频率，I_m 和 ω 都是常数，求 $i(t)$ 在半周期 $\frac{\pi}{\omega}$ 内的平均值 $I_{平}$.

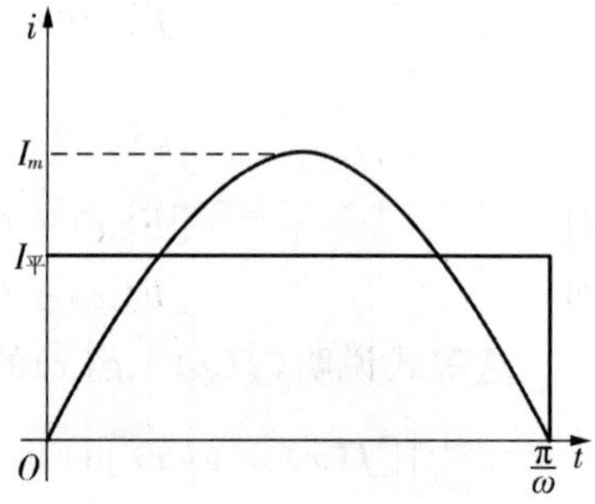

图 4－1

解 (1)从图上看出，求 $I_{平}$ 就是使曲线 $i(t)$ 下的面积变换成以 $I_{平}$ 为高、$\frac{\pi}{\omega}$ 为底的矩形的面积，而 $i(t)$ 下的面积正是积分 $\int_0^{\frac{\pi}{\omega}}i(t)\,\mathrm{d}t$，所以

$$I_{平}\frac{\pi}{\omega}=\int_0^{\frac{\pi}{\omega}}i(t)\,\mathrm{d}t$$

即

$$I_{平}=\frac{\omega}{\pi}\int_0^{\frac{\pi}{\omega}}i(t)\,\mathrm{d}t=\frac{\omega}{\pi}\int_0^{\frac{\pi}{\omega}}I_m\sin\omega t\,\mathrm{d}t$$

根据前面的分析，求这个积分的关键在于求 $\sin\omega t$ 的原函数，即求 $\int\sin\omega t\,\mathrm{d}t$.

（2）查基本积分表，只有 $\int \sin x\,dx = -\cos x$ ，对比一下 $\int \sin x\,dx$ 与 $\int \sin \omega t\,dt$ ，我们发现，如果将 ωt 看作 x ，即设 $\omega t = x$ ，那么 $dx = \omega dt$ ，所以

$$dt = \frac{1}{\omega}dx$$

这样，将 $\omega t = x$ 与 $dt = \frac{1}{\omega}dx$ 代入 $\int \sin \omega t\,dt$ 中，就得到

$$\int \sin \omega t\,dt = \int \sin x\,\frac{1}{\omega}dx = \frac{1}{\omega}\int \sin x\,dx$$

$$= \frac{1}{\omega}(-\cos x)$$

$$= -\frac{1}{\omega}\cos \omega t \qquad\qquad （再将 x = \omega t 代回）$$

（3）
$$I_{平} = \frac{\omega}{\pi}\int_0^{\frac{\pi}{\omega}} I_m \sin \omega t\,dt = \frac{\omega}{\pi}I_m\left(-\frac{1}{\omega}\cos \omega t\right)\Big|_0^{\frac{\pi}{\omega}}$$

$$= -\frac{I_m}{\pi}\cos \omega t\,\Big|_0^{\frac{\pi}{\omega}} = -\frac{I_m}{\pi}\left(\cos \omega \frac{\pi}{\omega} - \cos \omega 0\right)$$

$$= -\frac{I_m}{\pi}(-1-1) = \frac{2}{\pi}I_m \approx 0.637 I_m$$

例 4.5　求 $\int \dfrac{1}{\sqrt{1+2x}}dx$.

解　与积分表对比，和它相似的是 $\int \dfrac{1}{\sqrt{x}}dx = \int x^{-\frac{1}{2}}dx = \dfrac{1}{-\frac{1}{2}+1}x^{-\frac{1}{2}+1} =$

$2x^{\frac{1}{2}} = 2\sqrt{x}$ ，做变量代换 $u = 1+2x, du = 2dx$ ，即 $dx = \dfrac{1}{2}du$ ，所以

$$\int \frac{1}{\sqrt{1+2x}}dx = \int \frac{1}{\sqrt{u}}\,\frac{1}{2}\,du - \frac{1}{2}\times 2\sqrt{u} = \sqrt{1+2x}$$

小　　结

计算积分时要与积分表中已有的公式进行对比，利用变量代换的方法把要计算的积分凑成表中形式（注意：不仅被积函数要换变量，微分也要换），算出以后，再代回原来的变量.

这个方法可以归纳成口诀：

表中没有换变量，积分变成表中样；

查表得出原函数，积分变量还原样.

例 4.6　求 $\int 2h\sqrt{R^2-h^2}\,dh$（$R$ 是常数）.

解　根号里的项拆不开,我们先设新变量 $u=R^2-h^2$,则 $du=-2h\,dh$,正好积分里面有 $2h\,dh$ 的项,可以凑成 $2h\,dh=-du$,则

$$\int 2h\sqrt{R^2-h^2}\,dh=\int \sqrt{u}\,(-du)=-\int \sqrt{u}\,du$$

$$=-\int u^{\frac{1}{2}}\,du=-\frac{1}{1+\frac{1}{2}}u^{1+\frac{1}{2}} \qquad \text{（查表得出原函数）}$$

$$=-\frac{2}{3}u^{\frac{3}{2}}$$

$$=-\frac{2}{3}(R^2-h^2)^{\frac{3}{2}} \qquad \text{（积分变量还原样）}$$

四、积分的简单应用

例 4.7　设有一个圆形的溢水洞,水半满,求作用在闸门下半部的水压力（已知闸门半径 $R=5$ m）.

解　我们知道水深为 h 处的压强为 $p=h$（即压强 p 的数值等于高度 h 的数值,单位不同,如 $h=2$ m,压强 $p=2$ t/m²）,压强是随深度变化的,因此不能直接利用不变压强的公式

压力＝压强×面积

求水压力.为了解决这个问题,将半圆形闸门分成许多小横条,每一小条的高都是 dh（图 4—2）.在水深 h 下的那一小横条上,压强近似不变,可算出小条上压力的近似值为

$dp=h\times$ 小条面积

小条的面积可以近似为宽为 $2l$、高为 dh 的小长方形面积.下面求这个小长方形的面积.由图上可以看出,l,h,R 三边构成直角三角形,故得

$$l=\sqrt{R^2-h^2}$$

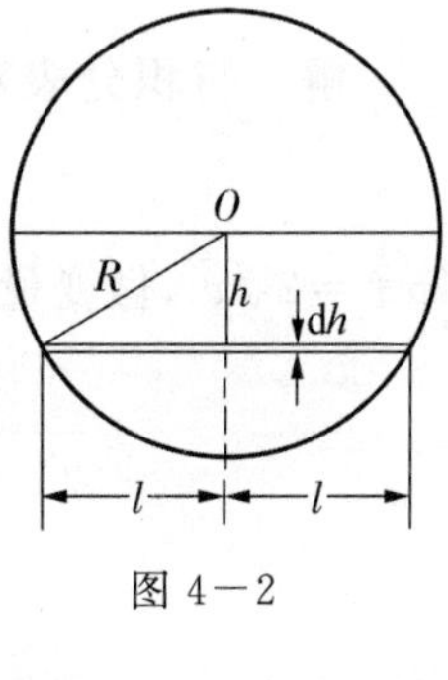

图 4—2

所以小长方形面积是 $2l\,dh=2\sqrt{R^2-h^2}\,dh$.这样就得到水深 h 下的小横条上水压力的近似值

$$dp=h\cdot 2\sqrt{R^2-h^2}\,dh=2h\sqrt{R^2-h^2}\,dh$$

将闸门的下半面无限细分,压力微分无限积累为总压力,于是得到

$$P=\int_0^R 2h\sqrt{R^2-h^2}\,dh$$

利用上面求出的原函数,可以算出积分

$$P = \int_0^R 2h\sqrt{R^2 - h^2}\,\mathrm{d}h = -\frac{2}{3}(R^2 - h^2)^{\frac{3}{2}}\Big|_0^R$$

$$= -\frac{2}{3}(R^2 - R^2)^{\frac{3}{2}} + \frac{2}{3}(R^2 - 0^2)^{\frac{3}{2}} = \frac{2}{3}R^3$$

最后,用 $R=5$ m 代入

$$P = \frac{2}{3}(5)^3 = 83.3 \text{ t}$$

例 4.8 求交流电的平均功率和电流、电压的有效值.

我们日常看到的电灯泡上写的 40 W,220 V,是表示通过交流电时,它的平均功率是 40 W,电压的有效值是 220 V.这些数值是怎么计算出来的呢?

先看平均功率.由物理学可知,若直流电流 I 通过电阻 R,则消耗在电阻 R 上的功率是

$$P = I^2 R$$

电流不变,功率也不变,经过时间 t 消耗在电阻上的功就是

$$W = Pt = I^2 Rt$$

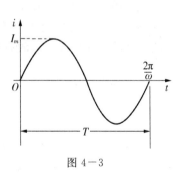

图 4—3

若随时间变化的交流电流 $i(t)$ 通过电阻 R,则消耗在电阻上的功率 $P = i^2 R$ 也随着时间改变. 设 T 是变化周期,我们求一个周期内消耗在电阻 R 上的功.

按照微积分的基本分析方法,在极短时间 $\mathrm{d}t$ 内,可以近似认为电流不变,所以消耗功的微分是

$$\mathrm{d}W = Ri^2\,\mathrm{d}t$$

一个周期内消耗的功,就是微分 $\mathrm{d}W$ 的无限积累,即积分

$$W = \int_0^T Ri^2\,\mathrm{d}t$$

用周期 T 除,得到相当于单位时间所消耗的功,叫平均功率,即

$$P_{\Psi} = \frac{1}{T}\int_0^T Ri^2\,\mathrm{d}t$$

具体地,设 $i(t) = I_m \sin \omega t$,I_m 是电流的最大值,周期 $T = \dfrac{2\pi}{\omega}$,得

$$P_{\Psi} = \frac{1}{\dfrac{2\pi}{\omega}}\int_0^{\frac{2\pi}{\omega}} RI_m^2 \sin^2 \omega t\,\mathrm{d}t = \frac{\omega RI_m^2}{2\pi}\int_0^{\frac{2\pi}{\omega}} \sin^2 \omega t\,\mathrm{d}t$$

105

基本积分表中没有形如

$$\int \sin^2 \omega t \, dt$$

的积分,但只要去掉平方就可能凑成积分表中的形式,由三角函数中的倍角公式得

$$\sin^2 \omega t = \frac{1}{2}(1 - \cos 2\omega t)$$

代入积分,得

$$P_{平} = \frac{\omega R I_m^2}{2\pi} \int_0^{\frac{2\pi}{\omega}} \sin^2 \omega t \, dt = \frac{\omega R I_m^2}{2\pi} \frac{1}{2} \int_0^{\frac{2\pi}{\omega}} (1 - \cos 2\omega t) \, dt$$

$$= \frac{\omega R I_m^2}{4\pi} \left(t - \frac{1}{2\omega} \sin 2\omega t \right) \Big|_0^{\frac{2\pi}{\omega}}$$

$$= \frac{\omega R I_m^2}{4\pi} \left[\left(\frac{2\pi}{\omega} - \frac{1}{2\omega} \sin 4\pi \right) - (0 - 0) \right]$$

$$= \frac{I_m^2 R}{2}$$

交流电流 $i(t) = I_m \sin \omega t$ 有效值的意义是指,当交流电流 $i(t)$ 在电阻 R 上消耗的平均功率与直流电流 I 在 R 上消耗的功率相等时,则这个直流电流的数值 I 叫作交流电流 $i(t)$ 的有效值. 所以,要使

$$I^2 R = \frac{I_m^2 R}{2}$$

应有

$$I = \frac{I_m}{\sqrt{2}} \approx 0.707 I_m$$

即交流电流 $i(t) = I_m \sin \omega t$ 的有效值近似等于它的最大值 I_m 乘以 0.707.

同样,可以算出交流电压 $u(t) = U_m \sin \omega t$ 的有效值

$$U = \frac{U_m}{\sqrt{2}} \approx 0.707 U_m$$

通常,交流电流的有效值可直接由下式算出

$$I = \sqrt{\frac{1}{T} \int_0^T i^2(t) \, dt} \quad (T \text{ 为周期})$$

第二节 简单积分表及其用法

为了使用方便,我们把常用的一些积分编成一个简单的积分表放在下面. 表后附几个例题,说明用法.

下列表中 a,m,n 都是给定的常数. 查出原函数后都应该加上任意常数 c, 在表中都省略了.

1. $\int x^n \mathrm{d}x = \dfrac{1}{n+1} x^{n+1}\,(n+1 \neq 0,\text{即 } n \neq -1)$.

2. $\int \dfrac{1}{x} \mathrm{d}x = \ln x$.

3. $\int \sin ax\, \mathrm{d}x = -\dfrac{1}{a} \cos ax$.

4. $\int \cos ax\, \mathrm{d}x = \dfrac{1}{a} \sin ax$.

5. $\int \mathrm{e}^{ax} \mathrm{d}x = \dfrac{1}{a} \mathrm{e}^{ax}$.

6. $\int \dfrac{\mathrm{d}x}{x^2 + a^2} = \dfrac{1}{a} \arctan \dfrac{x}{a}$.

7. $\int \dfrac{\mathrm{d}x}{x^2 - a^2} = -\dfrac{1}{2a} \ln \dfrac{x+a}{x-a}$.

8. $\int \sqrt{x^2 \pm a^2}\, \mathrm{d}x = \dfrac{x}{2} \sqrt{x^2 \pm a^2} \pm \dfrac{a^2}{2} \ln(x + \sqrt{x^2 \pm a^2})$.

9. $\int \sqrt{a^2 - x^2}\, \mathrm{d}x = \dfrac{x}{2} \sqrt{a^2 - x^2} + \dfrac{a^2}{2} \arcsin \dfrac{x}{a}$.

10. $\int \dfrac{\mathrm{d}x}{\sqrt{a^2 - x^2}} = \arcsin \dfrac{x}{a}$.

11. $\int \dfrac{\mathrm{d}x}{\sqrt{x^2 \pm a^2}} = \ln(x + \sqrt{x^2 \pm a^2})$.

12. $\int a^x \mathrm{d}x = \dfrac{a^x}{\ln a}$.

13. $\int \tan x\, \mathrm{d}x = -\ln \cos x$.

14. $\int \cot x\, \mathrm{d}x = \ln \sin x$.

15. $\int \sin^2 x\, \mathrm{d}x = \dfrac{1}{2}\left(x - \dfrac{1}{2} \sin 2x\right)$.

16. $\int \cos^2 x\, \mathrm{d}x = \dfrac{1}{2}\left(x + \dfrac{1}{2} \sin 2x\right)$.

17. $\int \dfrac{\mathrm{d}x}{\cos x} = \ln \cot \dfrac{x}{2} = \ln\left(\dfrac{1}{\cos x} + \tan x\right)$.

18. $\int \dfrac{\mathrm{d}x}{\sin x} = \ln \tan \dfrac{x}{2} = \ln \left(\dfrac{1}{\sin x} - \cot x \right).$

19. $\int \dfrac{\mathrm{d}x}{\cos^2 x} = \tan x.$

20. $\int \dfrac{\mathrm{d}x}{\sin^2 x} = -\cot x.$

21. $\int \sin mx \cdot \sin nx \, \mathrm{d}x$

$= -\dfrac{\sin (m+n)x}{2(m+n)} + \dfrac{\sin (m-n)x}{2(m-n)}.$

22. $\int \cos mx \cdot \cos nx \, \mathrm{d}x$

$= \dfrac{\sin (m+n)x}{2(m+n)} + \dfrac{\sin (m-n)x}{2(m-n)}.$

$(m-n \neq 0, \text{即 } m \neq n).$

23. $\int \sin mx \cdot \cos nx \, \mathrm{d}x$

$= -\dfrac{\cos (m+n)x}{2(m+n)} - \dfrac{\cos (m-n)x}{2(m-n)}$

108

24. $\int \mathrm{e}^{ax} \sin nx \, \mathrm{d}x = \dfrac{\mathrm{e}^{ax} (a \sin nx - n \cos nx)}{a^2 + n^2}.$

25. $\int \mathrm{e}^{ax} \cos nx \, \mathrm{d}x = \dfrac{\mathrm{e}^{ax} (n \sin nx + a \cos nx)}{a^2 + n^2}.$

26. $\int x \mathrm{e}^{ax} \, \mathrm{d}x = \dfrac{\mathrm{e}^{ax}}{a^2} (ax - 1) (a \neq 0).$

27. $\int \ln x \, \mathrm{d}x = x \ln x - x.$

查积分表应用举例:

例 4.9 $\int \dfrac{\mathrm{d}x}{a^2 - 2x^2}.$

表中只有 $\int \dfrac{1}{a^2 - x^2} \mathrm{d}x = -\dfrac{1}{2a} \ln \dfrac{a+x}{a-x}$,可用凑微分法

$$\int \dfrac{\mathrm{d}x}{a^2 - 2x^2} = \int \dfrac{\mathrm{d}x}{a^2 - (\sqrt{2}\,x)^2} = \dfrac{1}{\sqrt{2}} \int \dfrac{\mathrm{d}(\sqrt{2}\,x)}{a^2 - (\sqrt{2}\,x)^2}$$

$$= \dfrac{1}{\sqrt{2}} \left[-\dfrac{1}{2a} \ln \dfrac{a + \sqrt{2}\,x}{a - \sqrt{2}\,x} \right]$$

$$= -\dfrac{1}{2\sqrt{2}\,a} \ln \dfrac{a + \sqrt{2}\,x}{a - \sqrt{2}\,x}$$

例 4.10 求 $\displaystyle\int \frac{\mathrm{d}x}{x^2+2x+3}$.

表中只有 $\displaystyle\int \frac{\mathrm{d}x}{a^2+x^2}=\frac{1}{a}\arctan\frac{x}{a}$ 的公式,我们的积分中含有 $2x$ 这一项,与表上不同,这时怎么办呢? 我们可用代数的配方法去掉 x 项,使被积分式变成表中公式的形式,令

$$x^2+2x+3=(x^2+2x+1)+2=(x+1)^2+(\sqrt{2})^2$$

这样就有

$$\int \frac{\mathrm{d}x}{x^2+2x+3}=\int \frac{\mathrm{d}x}{(x+1)^2+(\sqrt{2})^2}$$

$$=\int \frac{\mathrm{d}(x+1)}{(x+1)^2+(\sqrt{2})^2}=\frac{1}{\sqrt{2}}\arctan\frac{x+1}{\sqrt{2}}$$

一般地说,x^2+px+q 都可用配方法配成

$$x^2+px+q=x^2+2\left(\frac{p}{2}\right)x+\left(\frac{p}{2}\right)^2+q-\left(\frac{p}{2}\right)^2$$

$$=\left(x+\frac{p}{2}\right)^2+\left(q-\frac{p^2}{4}\right)$$

109

例 4.11 在某车间的吊车梁设计中,采用了我国独创的新型鱼腹梁结构(图 4—4,单位:mm),可以节省大量材料,下面鱼腹部分是抛物线,为了结扎钢筋,就要求出抛物线的长度.

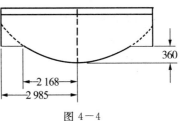

图 4—4

此问题可用定积分解决,解决的步骤是:

(1)求出抛物线的方程.

(2)列出求弧长的积分公式.

(3)查积分表,代入上下限,计算积分值.

解 (1)若把坐标原点设在鱼腹最低点处,则抛物线的方程可以写成

$$y=ax^2 \quad (-b\leqslant x\leqslant b)$$

其中 a 是待定常数. 由图纸给出的数据,当

$$x=c=2\ 168\ \mathrm{mm}$$

时

$$y=360\ \mathrm{mm}$$

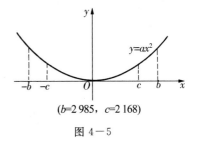

$(b=2\ 985,\ c=2\ 168)$

图 4—5

那么,以 $x = 2\ 168, y = 360$ 为坐标的点一定在抛物线上,因此,把它代入方程,即 $360 = a(2\ 168)^2$,可以解出:$a = 0.000\ 076\ 592$,这样抛物线方程为

$$y = 0.000\ 076\ 592 x^2$$

(2)求弧长的计算公式. 因为抛物线是曲线,它的长度不能直接用求直线长的方法计算. 但是,我们可以用微积分的基本分析方法将弧无限分小,用直线代替曲线,在很小一段弧长 $\overset{\frown}{AB}$ 上,可以用弦长 AB 来近似弧长(图 4-6)

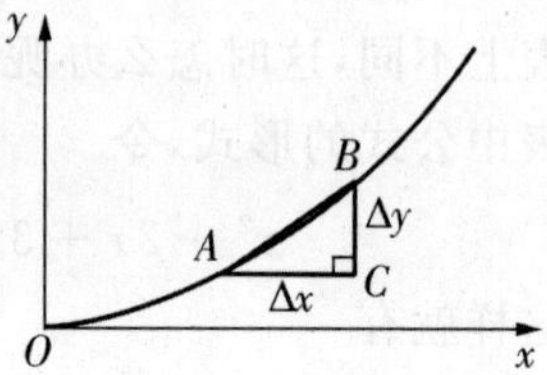

$\triangle ABC$是一个直角三角形

图 4-6

$$AB = \sqrt{(\Delta x)^2 + (\Delta y)^2} = \sqrt{1 + \left(\frac{\Delta y}{\Delta x}\right)^2}\ \Delta x$$

若小段弧长用 Δs 表示,则

$$\Delta s \approx \sqrt{1 + \left(\frac{\Delta y}{\Delta x}\right)^2}\ \Delta x$$

因为 $\lim\limits_{\Delta x \to 0} \dfrac{\Delta y}{\Delta x} = y'$,所以 $\dfrac{\Delta y}{\Delta x} \approx y'$,于是得 Δs 的近似值

$$\Delta s \approx \sqrt{1 + (y')^2}\ \Delta x$$

由微分概念可知,弧长的微分就是

$$\mathrm{d}s = \sqrt{1 + (y')^2}\ \mathrm{d}x$$

现在 $y = ax^2$,所以 $y' = 2ax$,代入上式得

$$\mathrm{d}s = \sqrt{1 + (2ax)^2}\ \mathrm{d}x$$
$$= \sqrt{1 + 4a^2 x^2}\ \mathrm{d}x$$

则总弧长为

$$s = \int_{-b}^{b} \sqrt{1 + 4a^2 x^2}\ \mathrm{d}x$$

其中 a 和 b 都是已知常数. 因为弧是关于 y 轴对称的,所以可以先算一半,再乘以 2 得 s,即

$$s = \int_{-b}^{b} \sqrt{1 + 4a^2 x^2}\ \mathrm{d}x = 2 \int_{0}^{b} \sqrt{1 + 4a^2 x^2}\ \mathrm{d}x$$

(3)先算

$$\int \sqrt{1 + 4a^2 x^2}\ \mathrm{d}x$$
$$= \int \sqrt{1 + (2ax)^2} \cdot \frac{1}{2a} \mathrm{d}(2ax)$$

110

$$\xrightarrow{\text{将}\,2ax=z\,\text{代入}} \frac{1}{2a}\int \sqrt{1+z^2}\,\mathrm{d}z$$

$$\xrightarrow{\text{查表}} \frac{1}{2a}\left[\frac{z}{2}\sqrt{1+z^2}+\frac{1}{2}\ln\left(z+\sqrt{1+z^2}\right)\right]$$

$$\xrightarrow{z=2ax\,\text{代回}} \frac{1}{2}x\sqrt{1+4a^2x^2}+\frac{1}{4a}\ln\left(2ax+\sqrt{1+4a^2x^2}\right)$$

则

$$s=2\int_0^b \sqrt{1+4a^2x^2}\,\mathrm{d}x$$

$$=\left[x\sqrt{1+4a^2x^2}+\frac{1}{2a}\ln\left(2ax+\sqrt{1+4a^2x^2}\right)\right]\Big|_0^b$$

$$=b\sqrt{1+4a^2b^2}+\frac{1}{2a}\ln\left(2ab+\sqrt{1+4a^2b^2}\right)-\frac{1}{2a}\ln 1$$

$$=b\sqrt{1+4a^2b^2}+\frac{1}{2a}\ln\left(2ab+\sqrt{1+4a^2b^2}\right)$$

用具体数字代入：$a=0.000\,076\,592$，$b=2\,985$，得

$$s=2\,985\sqrt{1+2\times0.000\,076\,592\times2\,985^2}+\frac{1}{2\times0.000\,076\,592}\times$$

$$\ln\left[2\times0.000\,076\,592\times2\,985+\sqrt{1+2\times0.000\,076\,592\times2\,985^2}\right]$$

$$=2\,985\sqrt{1.209\,08}+6\,528.9\times\ln\left(0.457\,25+\sqrt{1.209\,08}\right)$$

$$=2\,985\times1.099\,58+6\,528.9\times\ln 1.556\,83$$

$$=3\,282.2+6\,528.9\times0.442\,63$$

$$=6\,172\ \text{mm}=6.172\ \text{m}$$

即钢筋全长约为 6.172 m.

注 ①简单积分表中的公式,可用对等式右边求变化率后能否得到被积函数的方法来验证.

② $\int \sqrt{a^2-x^2}\,\mathrm{d}x$ 的求法,是用三角函数变换消去根号的方法求出的,现介绍如下：

如图 4-7,令 $x=a\sin t$,t 是新变量,则

$$\sqrt{a^2-x^2}=\sqrt{a^2-a^2\sin^2 t}$$

$$=a\sqrt{1-\sin^2 t}=a\sqrt{\cos^2 t}=a\cos t$$

$$\mathrm{d}x=\mathrm{d}(a\sin t)=a\cos t\,\mathrm{d}t$$

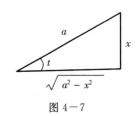

图 4-7

111

所以

$$\int \sqrt{a^2-x^2}\,\mathrm{d}x = \int a\cos t \cdot a\cos t\,\mathrm{d}t$$

$$= a^2 \int \cos^2 t\,\mathrm{d}t$$

$$= a^2 \int \frac{1+2\cos 2t}{2}\,\mathrm{d}t$$

$$= a^2 \left[\frac{1}{2}\int \mathrm{d}t + \frac{1}{2}\int \cos 2t\,\mathrm{d}t \right]$$

$$= a^2 \left(\frac{1}{2}t + \frac{1}{4}\sin 2t \right)$$

$$= \frac{a^2}{2}t + \frac{1}{2}a^2 \sin t \cos t$$

由 $x=a\sin t$ 可以解出,$t=\arcsin \dfrac{x}{a}$,再由 $\sqrt{a^2-x^2}=a\cos t$,$x=a\sin t$ 代回得到

$$\int \sqrt{a^2-x^2}\,\mathrm{d}x = \frac{1}{2}x\sqrt{a^2-x^2} + \frac{a^2}{2}\arcsin \frac{x}{a}$$

112

练　习

1. 计算下列积分.

① $\displaystyle\int x^3\,\mathrm{d}x$;

② $\displaystyle\int \left(\frac{2}{\sqrt{x}}-1\right)\mathrm{d}x$;

③ $\displaystyle\int (x-\sin x)\,\mathrm{d}x$;

④ $\displaystyle\int \left(\mathrm{e}^x+\frac{2}{x^2}\right)\mathrm{d}x$;

⑤ $\displaystyle\int_{-1}^{2} (x^2-1)\,\mathrm{d}x$;

⑥ $\displaystyle\int_{0}^{1} (-\mathrm{e}^x)\,\mathrm{d}x$;

⑦ $\displaystyle\int_{0}^{\frac{\pi}{2}} \cos x\,\mathrm{d}x$;

⑧ $\displaystyle\int_{-\frac{\pi}{2}}^{\frac{\pi}{2}} 2\sin x\,\mathrm{d}x$;

⑨ $\displaystyle\int_{0}^{\pi} \frac{1}{2}\sin x\,\mathrm{d}x$;

⑩ $\displaystyle\int_{1}^{2} \frac{x^2-x+1}{x}\,\mathrm{d}x$;

⑪ $\displaystyle\int_{0}^{\frac{\pi}{2}} \cos 2t\,\mathrm{d}t$;

⑫ $\displaystyle\int \sin(\omega t+\varphi)\,\mathrm{d}t$;

⑬ $\displaystyle\int_{0}^{\pi} \sin \frac{t}{2}\,\mathrm{d}t$;

⑭ $\displaystyle\int_{-\frac{\pi}{2}}^{\frac{\pi}{2}} \cos \frac{t}{2}\,\mathrm{d}t$(并说明几何意义);

⑮ $\displaystyle\int \frac{\mathrm{d}x}{1-x}$;

⑯ $\displaystyle\int \sqrt{3-2x}\,\mathrm{d}x$;

⑰ $\int e^{-2t} dt$；　　　　　　　　　⑱ $\int_0^1 3e^{-\frac{t}{3}} dt$；

⑲ $\int \cos^2 \omega t \, dt$；

⑳ $\int \dfrac{x dx}{\sqrt{1-x^2}}$（利用 $x dx = -\dfrac{1}{2} d(1-x^2)$）；

㉑ $\int \sin^2 x \cos x dx$（利用 $\cos x dx = d(\sin x)$）；

㉒ $\int \dfrac{x dx}{a^2 + x^2}$．

2.高速锤是一种压力加工机械,它利用氮气突然膨胀产生很大的压力,使锤头高速下落,一次打击成型.试求在气缸内氮气膨胀压力所做的功.

（提示:①由于速度较大,气体按绝热膨胀,即压强 p 与体积 V 的关系式为 $p = \dfrac{K}{V^{1.4}}$,其中 $K = p_0 V_0^{1.4}$（p_0 与 V_0 是开始时的压强和体积,都是常数）.设气缸活塞截面积为 A,活塞行程为 s.

②作用在截面上的压力为 $P = pA$.

$$功 = 压力 \times 距离$$

③ $dW = P dx$）

$$\left(答：功\ W = 2.5K \left(\frac{1}{(As+V_0)^{0.4}} - \frac{1}{V_0^{0.4}} \right) \right)$$

第三节　近似积分法

在工程实际问题中,有一些积分问题不能用上两节讲的求原函数的方法来计算,这是因为:①被积函数往往是用曲线或表格给出的,写不出公式,因此积分时不能用公式来计算.②有些被积函数虽然给出了公式,但原函数无法用公式求出.遇到这类问题,怎么办呢?

这一节,我们来分析上面提出的问题.

因为积分 $\int_a^b f(x) dx$ 的几何意义是曲边梯形 $ABCD$ 的面积,所以在上述两种情况下,只要设法把 $ABCD$ 的面积近似地算出来,就能解决问题了.

计算如图 4-8 所示的曲线梯形 $ABCD$ 的面积,是按照实际问题中对精确度的要求,根据微积分的基本分析方法,将它分小,先得到小面积的近似值,求和得到总面积的近似值,这就是近似积分法的基本想法.

实际上用数学公式表示工程问题时,常常要经过具体分析,抓住主要矛盾,作许多简化和近似.

因此,一些既便于掌握又能满足一定的精度要求的近似计算方法,就能满足实际需要.

下面介绍几个简单的近似计算法.

一、数方格法

例 4.12 某种汽车的前轴由圆钢锻成.按图纸要求,前轴的截面如图 4-9 所示,问需要多大直径的圆钢才能锻成这个前轴?

解 按锻压的要求,原材料截面的面积比成型后工件的截面要大些,因此先要算出工件截面的面积.方法是把前轴的截面图形画在方格纸上,然后数出图形所占的方格的个数(那些只被占了一部分的方格,可用估算的方法,如图中 1,2 两块可折合成一个方格).因为图形是对称的,只要数一半就可以了.数的结果约为 52 格,总面积是 104 格,因为每个方格每边长 5 mm,所以总面积是

$$104 \times 5^2 = 2\ 600\ mm^2$$

设圆钢的直径为 D,则

$$\frac{\pi}{4}D^2 = 2\ 600\ mm^2$$

算出 $D=58$ mm,因为原材料的尺寸要大一些,所以选 $\Phi 60$ 的圆钢即可.

这里说明两点:①一般面积可以这样算,曲线梯形面积也可以这样算.

②有一种专门用来测量面积的仪器叫测面仪,只要将仪器的指针在要测面积的轮廓线上绕一圈,就能记录下这块面积的大小.

二、矩形法

如果 $y=f(x)$ 是以函数表的形式给出来的,就可以用矩形法或梯形法来计算.

如图 4-10,把积分区间 $[a,b]$ 分成 n 等份,用 n 个小长方形加在一起的台阶形代替曲边梯形,用台阶形的面积作为积分 $\int_a^b f(x)\mathrm{d}x$ 的近似值,这就是矩形

法.

用 $y_0,y_1,y_2,\cdots,y_n$，表示函数 $y=f(x)$ 在分点 $x_0,x_1,x_2,\cdots,x_n$ 上的值，用 $\Delta x=\dfrac{b-a}{n}$ 表示每一分段的长度，近似公式就可以写成

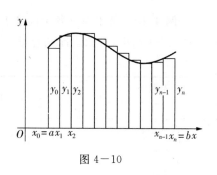

图 4—10

$$\int_a^b f(x)\mathrm{d}x \approx \Delta x(y_0+y_1+\cdots+y_{n-1})$$
$$=\frac{b-a}{n}(y_0+y_1+\cdots+y_{n-1})$$

三、梯形法

在每一小条中，用小长方形面积近似曲边小条面积的误差是比较大的. 如果以梯形面积近似曲边小条面积，就要精确一些，这就是梯形法的基本想法.

梯形面积 $=\dfrac{1}{2}$（上底＋下底）×高

今仍用矩形法中的符号，则第一条梯形的面积是

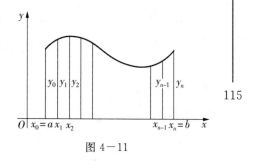

图 4—11

$$\left(\frac{y_0+y_1}{2}\right)\cdot\Delta x=\frac{b-a}{n}\cdot\frac{y_0+y_1}{2}$$

所以，梯形法近似公式是

$$\int_a^b f(x)\mathrm{d}x \approx \frac{b-a}{n}\left(\frac{y_0+y_1}{2}+\frac{y_1+y_2}{2}+\frac{y_2+y_3}{2}+\cdots+\frac{y_{n-1}+y_n}{2}\right)$$
$$=\frac{b-a}{n}\left[\frac{y_0}{2}+\left(\frac{y_1}{2}+\frac{y_1}{2}\right)+\left(\frac{y_2}{2}+\frac{y_2}{2}\right)+\right.$$
$$\left.\cdots+\left(\frac{y_{n-1}}{2}+\frac{y_{n-1}}{2}\right)+\frac{y_n}{2}\right]$$
$$=\frac{b-a}{n}\left[\frac{y_0+y_n}{2}+y_1+y_2+\cdots+y_{n-1}\right]$$

即

$$\int_a^b f(x)\mathrm{d}x \approx \frac{b-a}{n}\left[\frac{y_0+y_n}{2}+y_1+y_2+\cdots+y_{n-1}\right]$$

下面用得到的公式计算水库的库容.

例 4.13 某水库在各个高度上截面(图 4−12 中 $A_1, A_2, \cdots, A_{16}$)的面积, 由表 4−1 给出,求此水库的容量.

表 4−1

高度 h /m	0	4	8	12	16	20	24	28	32
截面面积 S /km²	0	1.10	3.08	6.01	11.12	18.76	28.60	39.90	52.98
高度 h /m	36	40	44	48	52	56	60	64	
截面面积 S /km²	69.25	88.85	106.30	123.86	142.14	158.43	172.98	190.04	

解 截面面积 S 是高度 h 的函数

$$S = S(h)$$

116 则水库的容量 V(体积)是截面面积对高度的积分,也就是

$$V = \int_0^{64} S(h)\,dh$$

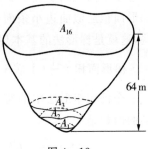

图 4−12

我们可以按梯形法计算这个积分,因为 $S(h)$ 的数值是按 16 等份给的,我们也按 16 等份计算 (将表中 S 的数值乘 10^6,化为以平方米为单位).

$$V \approx \frac{b-a}{n}\left(\frac{S_0 + S_{16}}{2} + S_1 + S_2 + \cdots + S_{15}\right) \times 10^6$$

$$= \frac{64}{16}\left(\frac{0+190.04}{2} + 1.10 + 3.08 + 6.01 + 11.12 + 18.76 + 28.60 + \right.$$

$$39.90 + 52.98 + 69.25 + 88.85 + 106.30 + 123.86 + 142.14 +$$

$$\left. 158.43 + 172.98\right) \times 10^6$$

$$= 4 \times 1\,118.38 \times 10^6$$

$$= 4\,473.52 \times 10^6 = 4\,473\,520\,000 \text{ m}^3$$

$$\approx 44.74(\text{亿立方米})$$

即水库的容量约 44.74 亿立方米.

在实际工作中,遇到一些有用的积分如

$$\int_0^1 e^{-x^2}\,dx, \int_0^{\frac{\pi}{2}} \sqrt{1-k^2\sin^2\varphi d\varphi} \qquad (k \text{ 是常数})$$

它们的原函数无法用公式表示,要计算这些定积分就可以用矩形法或梯形法来计算,方法还是把积分区间分成 n 等份,在分点处计算出被积函数的数值来,再代入矩形法或梯形法公式得出.

第四节 物体重心位置的计算

在生产实践中,常常要确定物体的重心. 例如,用吊车安装机床(图4—13),由于机床各部分重量分布不均匀,为了防止倾斜或翻车,吊勾绳的延长线应恰好穿过机床的重心,使机床能平稳地吊动. 又如炼钢厂的钢包(图4—14),内壁砌有耐火砖,为了用天车吊动,在钢包的外壁安装两根包轴,包轴的位置与钢包的重心有关. 如包轴低于重心,在天车吊动钢包时很容易翻,因此不安全;如包轴高于重心过多,则翻转太困难,不利于倒出钢水浇铸. 既要使钢包不能自然翻转,又要使它翻转不太困难,这是一个矛盾,解决这个矛盾的办法,就是将包轴安装在略高于重心的位置.

117

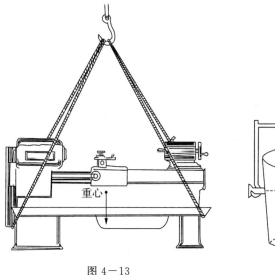

图 4—13

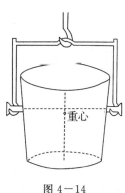

图 4—14

怎样确定重心的位置呢? 先从实验说起. 如图 4—15,两重物由一细杆连接构成一个整体,如果在点 C 吊起时,杆不倾斜,点 C 就是这个物体的重心.

又如图 4—16,一半圆形板,先任选一点 A 吊起,在其稳定时,在板上画出吊绳的延长线,此线必通过重心.再任选另一点 B 将板吊起,同样,又可在板上画出一条吊绳的延长线.这两条延长线的交点 C 就是板的重心.

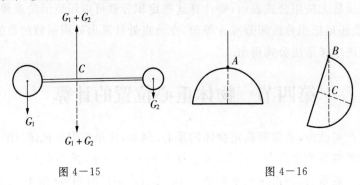

图 4—15　　　　　　　　　图 4—16

　　这些实验说明了重心的一个重要性质.我们以图 4—15 为例来说明,图中左端物体重量是 G_1,右端物体重量是 G_2,杆的重量很小可以忽略.很明显,吊起的力应是 G_1+G_2.从实验知道,要使吊起的物体保持平衡,就要在重心 C 处吊起.吊起的力通过点 C,使物体保持平衡,正好说明 G_1,G_2 的合力也应通过点 C,此合力与吊起力大小相等方向相反而抵消,从而使物体保持平衡.以上说明了重心的一个重要性质:物质各部分所受重力的合力必通过重心.

　　我们根据重心的这个性质,用计算的方法来求重心的位置.将图 4—15 简化为图 4—17,求重心的问题,变为求 G_1,G_2 的合力作用在何处的问题.建立坐标系如图 4—17,其中 x_1,x_2 是已知的,而合力的位置(即重心)x 是未知的,从力学中可知,合力对任一轴的力矩等于各分力对该轴的力矩之和.G_1 和 G_2

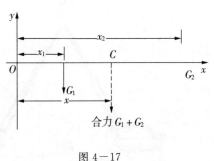

图 4—17

对于 y 轴的力矩分别是 G_1x_1 和 G_2x_2,合力 G_1+G_2 对 y 轴的力矩是 $(G_1+G_2)x$,因此

$$(G_1+G_2)x=G_1x_1+G_2x_2$$

由此解出重心的坐标就是

$$x=\frac{G_1x_1+G_2x_2}{G_1+G_2}$$

式中分母是物体的总重量,分子是物体各部分力矩之和.

以上分析对于重量连续分布的情形(如图 4－16 中的半圆板),也是适用的,下面举例说明.

例 4.14　求半径为 R 的均匀半圆板的重心.

解　要求重心位置,先要选坐标轴.由重心的概念可知,重心一定在对称轴上.所以为了计算简单,选坐标轴为均匀半圆板的对称轴,坐标原点为圆心(图 4－18(a)).

由前面的分析可知,对于几个部分组成的物体,只要能算出各部分重量对 y 轴的力矩之和,再除以总重量就是重心的坐标.但现在板的重量是连续分布的,并且对 x 来说是不均匀分布的.

按照微积分的基本分析方法,只要无限分小,匀代不匀,微分无限积累就能解决问题.将半圆板分成如图 4－18(a)的许多小竖条,每一小条可近似地看成小长方形,小长方形的重量可以看作集中在它的重

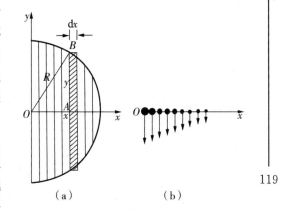

图 4－18

心,就是中心.由于每一竖条很细,可以看成重量集中在坐标轴上的一点,在图 4－18(a)中,加阴影的小条的重量就集中在点 A.这样就相当于图 4－18(b)的许多小点,就可以用前面的方法求它们的力矩之和了.

以图 4－18(a)中有阴影的那一小条来分析,设板单位面积的重量为 μ,则这一小条对 y 轴的力矩近似等于

$$\begin{aligned}
\mathrm{d}T &= x \cdot \text{小长方形重量} \\
&= x \cdot \mu \cdot \text{小长方形面积} \\
&= x \cdot \mu \cdot 2y\mathrm{d}x \\
&= 2\mu x y \mathrm{d}x
\end{aligned}$$

再求 y 与 x 的关系.图 4－18(a)中△OAB 为直角三角形,则

$$y = \sqrt{R^2 - x^2}$$

$$\mathrm{d}T = 2\mu x \sqrt{R^2 - x^2}\, \mathrm{d}x$$

微分无限积累得到半圆板对 y 轴的力矩

119

$$T = 2\mu \int_0^R x\sqrt{R^2 - x^2}\,\mathrm{d}x$$

$$= 2\mu \left[-\frac{1}{3}(R^2 - x^2)^{\frac{3}{2}} \right]\Big|_0^R$$

$$= \frac{2}{3}\mu R^3$$

又因为半圆板的重量＝μ·半圆面积＝$\mu\,\dfrac{1}{2}\pi R^2$，由此求出重心坐标为

$$X = \frac{\dfrac{2}{3}\mu R^3}{\dfrac{1}{2}\mu\pi R^2} = \frac{4}{3\pi}R \approx 0.425R$$

从这个例题可以看出，均匀物体的重心位置只与几何形状有关。本题中重心坐标也可用下式计算

$$X = \frac{\displaystyle\int_0^R 2xy\,\mathrm{d}x}{\text{半圆面积}}$$

120

其中 $\displaystyle\int_0^R 2xy\,\mathrm{d}x$ 相当于各小长条面积 $2y\mathrm{d}x$ 乘以距离 x，然后积累起来，它叫面积矩。简单地说，重心坐标 X 等于面积矩与面积之商，这种算法具有一般性。

例 4.15　求钢包的重心位置.

为简单起见，设钢包（图 4—19）盛满钢水，并忽略钢包内壁砌的耐火砖的重量。钢包的上口、下底直径及高的尺寸如图 4—20 所示，单位为 mm。设钢包重心为 C。

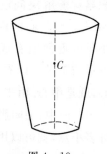

图 4—19

解　要求重心的位置，先要选取一定的坐标轴。因为重心在对称轴上，所以选对称轴为坐标轴，选钢包侧壁延长线的交点 O 为坐标原点（图 4—20）。

与例 4.15 类似，重心坐标等于体积矩与体积之商。将钢包分成许多薄片（图 4—20），每一薄片近似看成薄圆柱（图 4—21）。薄圆柱对过点 O 且垂直于 x 轴的平面的体积矩等于各小圆柱体积乘上距离 x。整个钢包的体积矩近似等于所有薄圆柱体积矩之和。将钢包无限分薄，近似值就成为精确值。

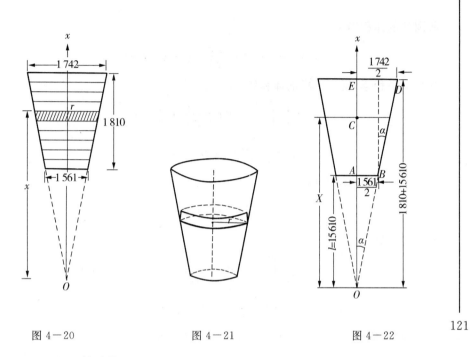

图 4-20　　　　　　　　图 4-21　　　　　　　图 4-22

下面进行具体计算.

(1)先求出点 O 到包底的距离 l. 由于图 4-22 中 $\triangle OAB$ 与 $\triangle OED$ 相似,所以此锥的斜度是

$$\tan\alpha = \frac{ED-AB}{AC} = \frac{\dfrac{1\ 742}{2} - \dfrac{1\ 561}{2}}{1\ 810} = \frac{1}{20}$$

又因为 $\tan\alpha = \dfrac{AB}{OA}$,所以 $OA = \dfrac{AB}{\tan\alpha}$,即

$$l = \frac{AB}{\tan\alpha} = \frac{1\ 561}{2} \Big/ \frac{1}{20} = 15\ 610$$

(2)求体积矩. 每一薄片的体积矩近似等于

$$\mathrm{d}T = x \cdot \text{薄圆柱体积}$$

设薄圆柱的半径为 r,则薄圆柱体积

$$\mathrm{d}V = \text{底面积} \times \text{高} = \pi r^2 \mathrm{d}x$$

由图 4-20 可见

$$r = x\tan\alpha = \frac{1}{20}x$$

则

$$\mathrm{d}V = \pi\left(\frac{1}{20}x\right)^2 \mathrm{d}x = \frac{\pi}{20^2}x^2 \mathrm{d}x$$

薄圆柱的体积矩为

$$dT = x\,dV = x\,\frac{\pi x^2}{20^2}\,dx = \frac{\pi}{20^2}x^3\,dx$$

微分无限积累,得到所求的体积矩

$$T = \frac{\pi}{20^2}\int_{15\ 610}^{17\ 420} x^3\,dx = \frac{\pi}{20^2}\cdot\frac{1}{4}x^4\Big|_{15\ 610}^{17\ 420}$$

$$= \frac{\pi}{20^2}\times\frac{1}{4}(17\ 420^4 - 15\ 610^4)$$

(3)求钢包体积.因为

$$dV = \frac{\pi}{20^2}x^2\,dx$$

所以

$$V = \frac{\pi}{20^2}\int_{15\ 610}^{17\ 420} x^2\,dx = \frac{\pi}{20^2}\times\frac{1}{3}x^3\Big|_{15\ 610}^{17\ 420}$$

$$= \frac{\pi}{20^2}\times\frac{1}{3}(17\ 420^3 - 15\ 610^3)$$

122

(4)设钢包重心 C 的坐标为 X(图4-22),则

$$X = \frac{T}{V} = \frac{\dfrac{\pi}{20^2}\times\dfrac{1}{4}(17\ 420^4 - 15\ 610^4)}{\dfrac{\pi}{20^2}\times\dfrac{1}{3}(17\ 420^3 - 15\ 610^3)}$$

$$= \frac{3(17\ 420^4 - 15\ 610^4)}{4(17\ 420^3 - 15\ 610^3)}$$

$$= \frac{9.813\times10^{16}}{5.930\times10^{12}}$$

$$= 16\ 550\ \text{mm}$$

重心 C 距包底的距离 $= X - l = 16\ 550\ \text{mm} - 15\ 610\ \text{mm} = 940\ \text{mm} = 94\ \text{cm}$,经过实测,包轴到包底的距离为 $105\ \text{cm}$,即比所求的重心高出 $11\ \text{cm}$.

练　习

1.一弓形 ADB(图4-23),半径 $OA = 30\ \text{cm}$,张角 $\angle AOB = 60°$,求它的重心.

2.在某工厂一项技术革新中,要求使杂乱无章的某一型号的工件,在输送道上按一定方向排列起来,以利于进行下一道工序.工人师傅灵活地运用物体重心原理,在 AB 输送道上开了一个长为 l 的方形窗口($e < l < b - e$,e 是工件重

心离大头的距离），由于具有一定倾斜度的输送道
AB 按一定频率上下振动，输送道上的工件沿倾斜方
向向下滑动，则当工件经过窗口时，都是大头朝下地
掉到另一条输送道 EF 上，这条输送道在水平方向上
定向运动，从而使所有工件都按同一个方向（大头朝
前），被输送走了（图 4－24(a)）.

　　若工件尺寸如图 4－24(b)，(c)所示，其中曲线
ABC 是顶点为 B 的抛物线，求 e.

　　（提示：先求抛物线 ABC 内面积的重心，这可单
独来求，先列出抛物线的方程为 $y = \dfrac{a}{2m^2}x^2$.）

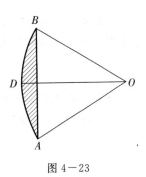

图 4－23

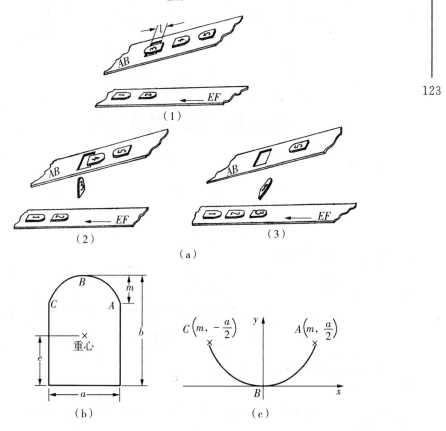

（1）

（2）　　　　　（3）

（a）

重心

（b）　　　　　（c）

图 4－24

3.若质量为 m 的质点.绕 x 轴旋转(图 4—25),每秒转过的弧度为 ω(称为角速度),则其转动动能为

$$E = \frac{1}{2}my^2\omega^2$$

今有一均质长方形板 $ABCD$(图 4—26),其中 $AB=b$,$BC=h$,板的质量为 M,求它以角速度 ω 绕 x 轴旋转的动能 E.

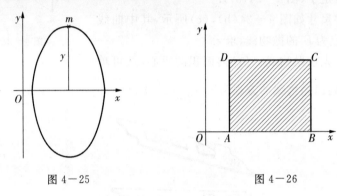

图 4—25   图 4—26

第五节　简单微分方程

第一章中我们就提出了寻找运动过程的变化规律——函数关系的要求,微积分这个数学工具解决了相当一类这样的问题.而微分方程就是微积分方法的进一步发展.

本节只从积分计算应用的角度,讨论最简单的微分方程.

一、什么是微分方程

例 4.16　第一章第二节中曾经很粗糙地研究过放射性元素铀的衰变规律.有了微分、变化率的概念和计算方法,现在可以更简便地分析这个问题.

放射性元素铀由于原子中不断放出微观粒子,它的含量 Q 不断减少,称为衰变,所以 Q 是时间 t 的函数 $Q(t)$(含量 Q 与第一章中的原子数 N 是一回事).由实验知道衰变速度与含量成正比,λ 是比例系数(即衰变常数).设开始时含量为 Q_0 克,求任意时刻 t 的含量 $Q(t)$.

解　衰变速度就是 Q 对 t 的变化率 $\dfrac{\mathrm{d}Q}{\mathrm{d}t}$,$\dfrac{\mathrm{d}Q}{\mathrm{d}t}$ 与含量 Q 成正比,即

$$\frac{\mathrm{d}Q}{\mathrm{d}t} = -\lambda Q \qquad\qquad (4-2)$$

因为当 $\lambda > 0, Q > 0$ 时，$\dfrac{\mathrm{d}Q}{\mathrm{d}t} < 0$，所以上式中有一个负号.

方程(4－2)反映了铀的衰变过程的一般规律，是我们求 $Q(t)$ 的根据，也就是说，$Q(t)$ 应该满足方程.

另外，任意时刻 t 的含量 $Q(t)$ 显然与开始时的含量有关，现在已知

$$Q\Big|_{t=0} = Q_0 \qquad\qquad (4－3)$$

式(4－3)是这个问题中 $Q(t)$ 要满足的条件.

我们的任务就是要找到满足方程(4－2)和条件(4－3)的 $Q(t)$.

寻找满足方程(4－2)的 $Q(t)$，就是要找一个函数，它的变化率等于它本身乘以常数 $-\lambda$. 变化率运算中的经验告诉我们，函数 $e^{-\lambda t}$ 有这样的性质（自己验证一下），但是 $e^{-\lambda t}$ 不满足条件(4－3).

进一步可以验证，对于任意一个常数 c

$$Q = c e^{-\lambda t} \qquad\qquad (4－4)$$

都满足方程(4－2). 再要满足条件(4－3)，只需取 $c = Q_0$ 即可，所以我们求的函数是

$$Q(t) = Q_0 e^{-\lambda t} \qquad\qquad (4－5)$$

这个函数的图像如图 4－27 所示，当 $t \to \infty$ 时，$Q \to 0$，衰变的快慢由 λ 确定.

下面结合这个例子说明微分方程的一些基本概念.

1. 含有未知函数的微分或变化率的方程叫微分方程（如方程(4－2)).

2. 当自变量取某值时要求未知函数取给定值的条件叫初始条件（如式(4－3)).

3. 满足微分方程的函数叫微分方程的解，含有任意常数的解叫微分方程的通解（如式(4－4)).

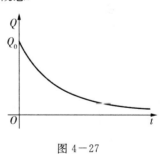

图 4－27

4. 既满足微分方程又满足初始条件的解叫微分方程的特解（如式(4－5)).

通常，解微分方程是指求特解.

二、分离变量解法

下面我们用分离变量法解方程(4－2).

首先把方程(4－2)化为微分形式

$$\mathrm{d}Q = -\lambda Q \mathrm{d}t$$

125

我们知道从含有微分 dQ 的式子求 Q，应该是一个求积分的过程，但是对上式不能直接积分，因为右端包含未知函数，积分不出来. 把 Q 搬到左端，得

$$\frac{dQ}{Q} = -\lambda dt$$

等式左端以 Q 为积分变量，右端以 t 为积分变量，分别积分，得

$$\ln Q = -\lambda t + c_1 \qquad (c_1 \text{ 是任意常数})$$

可以验证，上式满足方程(4—2)，化简上式得

$$Q = e^{-\lambda t + c_1} = e^{c_1} e^{-\lambda t} = c e^{-\lambda t}$$

其中 $c = e^{c_1}$ 也是任意常数. 代入初始条件

$$Q \Big|_{t=0} = c e^{-\lambda \cdot 0} = Q_0$$

即 $c = Q_0$. 所以满足方程和初始条件的特解是

$$Q = Q_0 e^{-\lambda t}$$

这种把一个变量及其微分放在等式一端，把另一个变量及其微分放在等式另一端，然后两边求积分解方程的方法叫作分离变量法.

126

例 4.17 求微分方程 $\dfrac{dy}{dx} = \dfrac{x}{y}$ 满足初始条件 $y \Big|_{x=0} = 1$ 的特解.

解 分离变量得

$$y dy = x dx$$

两边积分得

$$\frac{y^2}{2} = \frac{x^2}{2} + c$$

所以通解是

$$y = \sqrt{x^2 + 2c}$$

代入初始条件

$$y \Big|_{x=0} = \sqrt{0^2 + 2c} = 1$$

则

$$c = \frac{1}{2}$$

代回通解，得到所求的特解是

$$y = \sqrt{x^2 + 1}$$

三、应用举例

例 4.18 电阻—电容电路中，电容器的充电过程.

图 4—28 所示的线路中，R 是电阻，C 是电容器，E 是电源，K 是开关. 当开

关合上时,电源向电容器充电,电路中有电流 i 流过,电容器上的电压 u_c 逐渐升高.求 u_c 随时间变化的规律$u_c(t)$.

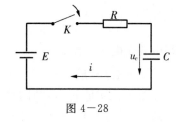

图 4-28

解 根据回路电压定律

$$Ri + u_c = E$$

因为电流 i 是电容器的电量q 对 t 的变化率,而 $q = Cu_c$,所以

$$i = \frac{\mathrm{d}q}{\mathrm{d}t} = C\frac{\mathrm{d}u_c}{\mathrm{d}t}$$

代入上式得

$$RC\frac{\mathrm{d}u_c}{\mathrm{d}t} + u_c = E$$

这是 $u_c(t)$应该满足的微分方程.

另外,在开关合上的瞬间(即 $t=0$)电容器上的电压 u_c 为零,即

$$u_c\Big|_{t=0} = 0$$

这是 $u_c(t)$应满足的初始条件.

127

先求微分方程的通解.分离变量得

$$RC\frac{\mathrm{d}u_c}{\mathrm{d}t} = E - u_c$$

$$\frac{RC}{E - u_c}\mathrm{d}u_c = \mathrm{d}t$$

两边积分得

$$-RC\ln(E - u_c) = t + a_1 \quad (a_1 \text{ 是任意常数})$$

化简得

$$\ln(E - u_c) = -\frac{1}{RC}(t + a_1)$$

$$E - u_c = \mathrm{e}^{-\frac{1}{RC}(t + a_1)} = a\mathrm{e}^{-\frac{t}{RC}}$$

其中 a 也是任意常数.

得到通解

$$u_c = E - a\mathrm{e}^{-\frac{t}{RC}}$$

$$u_c\Big|_{t=0} = 0$$

代入初始条件

$$u_c\Big|_{t=0} = E - a\mathrm{e}^{-\frac{0}{RC}} = E - a = 0$$

所以

$$a = E$$

则电容充电的规律是

$$u_c(t) = E - Ee^{-\frac{t}{RC}} = E(1 - e^{-\frac{t}{RC}})$$

图 4—29 是 $u_c(t)$ 的图像，这个波形很容易
从示波器上看到，经过一段时间后，u_c 就基本到
达电压 E. u_c 的这段变化过程称为过渡过程. RC
电路电容的充放电现象是电子技术中最常应用
的现象之一.

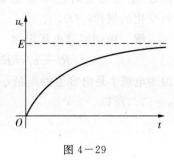

图 4—29

例 4.19 在水利工程中，为了综合利用，往
往在一条河道上将水位由高到低分成几级. 为了便于船舶通过，需要在分级的
地方，建造船闸（图 4—30）.

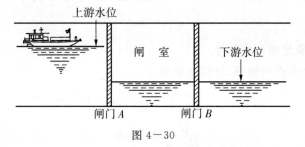

图 4—30

当船从上游向下游航行时，将闸门 A 打开，闸门 B 关闭，把水放入闸室，使
闸室的水位与上游水位相同，然后船进入闸室. 再将闸门 A 关闭，闸门 B 打开，
使闸室内水位降到与下游水位相同，船就可以向下游航行了.

闸门 A 开启后到闸室水位与上游水位相同时所需要的时间叫进水时间.
下面就来分析这个进水时间的求法.

闸门 A 打开后，水从闸门孔口流进闸室，这时流量用下面的实验公式计算

$$Q = \mu f \sqrt{2gh}$$

其中 Q——流量，m^3/s;

h——水位差，m;

f——闸门孔口面积，m^2;

μ——常数，约 0.6—0.7;

g——重力加速度 $g \approx 9.8 \ \mathrm{m/s}^2$.

开始时闸室水位与下游水位相同，经过时间 t 以后，闸室水位上升到比下

128

游水位高 y m(图 4—31),又设 H 为上、下游水位差(m),此时上游与闸室的水位差 $h=H-y$,则

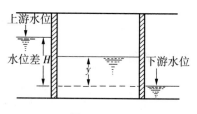

$$Q=\mu f\sqrt{2g(H-y)}$$

我们看到流量随着闸室水位 y 在改变.开始时 $y=0$(即以下游水位为基准),y 越大,

图 4—31

流量越小. 设 A 为闸室水平面积(m^2),V 为总放水量,即从 $y=0$ 到 $y=H$ 之间闸室的容量,则 $V=AH$(m^3).若流量不变,则放水时间就很容易算出来. 根据微积分的基本分析方法,从 $y=0$ 到 $y=H$,将长方体的闸室用许多水平面划分为许多薄片,每一薄片的体积是

$$dV=Ady$$

在每一薄片内,因 y 变化很小,流量 Q 可以近似看作不变. 这样,要使水位升高 dy 所需时间为

$$dt=\frac{dV}{Q}=\frac{Ady}{\mu f\sqrt{2g(H-y)}} \qquad (4-6)$$

这就是闸室水位 $y(t)$ 所满足的微分方程,初始条件是

$$y\big|_{t=0}=0$$

解方程,将式(4—6)两边积分

$$\int dt=\int\frac{Ady}{\mu f\sqrt{2g(H-y)}}$$

$$t=\frac{A}{\mu f\sqrt{2g}}\int(H-y)^{-\frac{1}{2}}dy$$

$$=-\frac{A}{\mu f\sqrt{2g}}\int(H-y)^{-\frac{1}{2}}d(H-y)$$

$$=-\frac{A}{\mu f\sqrt{2g}}\frac{1}{1-\frac{1}{2}}(H-y)^{\frac{1}{2}}+C$$

$$t=\frac{-2A}{\mu f\sqrt{2g}}\sqrt{H-y}+C$$

代入初始条件 $y\big|_{t=0}=0$,得

$$\frac{-2A}{\mu f\sqrt{2g}}\sqrt{H-0}+C=0$$

解出

$$C = \frac{2\sqrt{H}A}{\mu f \sqrt{2g}}$$

代回原式得

$$t = \frac{-2A}{\mu f \sqrt{2g}}\sqrt{H-y} + \frac{2A\sqrt{H}}{\mu f \sqrt{2g}}$$

$$= \frac{2A}{\mu f \sqrt{2g}}(\sqrt{H} - \sqrt{H-y})$$

我们要求的是闸室水位与上游水位相同时,即 $y = H$ 时所需的时间 t_H,将 $y = H$ 代入上式得

$$t_H = \frac{2A\sqrt{H}}{\mu f \sqrt{2g}}$$

即进水时间

$$t_H = \frac{A}{\mu f}\sqrt{\frac{2H}{g}}$$

例如,一个小型船闸,已知上下游水位差 $H = 2$ m,闸室水平面积 $A = 6 \times 50 = 300$ m^2,闸门孔口面积 $f = 2 \times 1 = 2$ m^2,$\mu = 0.62$,求放水时间 t_H.

由上式计算

$$t_H = \frac{300\sqrt{2 \times 2}}{0.62 \times 2 \times \sqrt{9.8}} = 155 \text{ s} = 2 \text{ min } 35 \text{ s}$$

例 4.20 一个质量为 M 的物体受到力 F 的作用而运动,根据力学定律有关系式

$$M\frac{\mathrm{d}v}{\mathrm{d}t} = F$$

其中,v 是物体运动速度,$\frac{\mathrm{d}v}{\mathrm{d}t}$ 就是加速度.

今有一辆汽车,质量为 M,在行驶时,地面摩擦力为 G(常数),空气阻力 Q 与速度的平方成正比,即 $Q = kv^2$,k 是阻力系数.

当行驶到速度为 v_0 时,打开离合器,让它自由滑行,求速度 v 与时间 t 的函数关系.

解　力 $F = -$(摩擦阻力 $G +$ 空气阻力 Q)

$$= -(G + kv^2)$$

负号是因为这些力与汽车运动方向相反.

用变化率表示

$$\begin{cases} M\dfrac{\mathrm{d}v}{\mathrm{d}t} = -(G + kv^2) \\ v\big|_{t=0} = v_0 \end{cases}$$

要求的函数 $v(t)$ 就是上述微分方程的特解. 分离变量得

$$\frac{M}{G + kv^2}\mathrm{d}v = -\mathrm{d}t$$

两边积分

$$\int \frac{M}{G + kv^2}\mathrm{d}v = \int -\mathrm{d}t$$

将上式左端化为积分表中 $\displaystyle\int \frac{\mathrm{d}x}{a^2 + x^2}$ 的形式

$$\int \frac{M}{G + kv^2}\mathrm{d}v = \frac{M}{k}\int \frac{\mathrm{d}v}{\dfrac{G}{k} + v^2} \xlongequal{\text{查表}} \frac{M}{k}\,\frac{1}{\sqrt{\dfrac{G}{k}}}\arctan\frac{v}{\sqrt{\dfrac{G}{k}}}$$

$$= \frac{M}{\sqrt{kG}}\arctan\sqrt{\frac{k}{G}}\,v$$

因此

$$\frac{M}{\sqrt{kG}}\arctan\sqrt{\frac{k}{G}}\,v = -t + C$$

代入初始条件 $v\big|_{t=0} = v_0$, 得

$$C = \frac{M}{\sqrt{kG}}\arctan\sqrt{\frac{k}{G}}\,v_0$$

由此可知, v 与 t 的关系为

$$\arctan\sqrt{\frac{k}{G}}\,v = \arctan\sqrt{\frac{k}{G}}\,v_0 - \frac{\sqrt{kG}}{M}t$$

从这个公式, 我们可以算出汽车停止即 $v=0$ 所需要的时间 $t_{停}$, 将 $v=0$ 代入得

$$\arctan\sqrt{\frac{k}{G}}\,v_0 - \frac{\sqrt{kG}}{M}t_{停} = 0$$

解出

$$t_{停} = \frac{M}{\sqrt{Gk}}\arctan\sqrt{\frac{k}{G}}\,v_0$$

如果我们能测出 $M, v_0, t_{停}$ 及 G, 就能用上述公式求出阻力系数 k.

练 习

1. 验证 $u=\dfrac{1}{kt+a}$(a 是任意常数)是方程

$$\frac{\mathrm{d}u}{\mathrm{d}t}+ku^{2}=0$$

的通解.

2. 验证 $i=A\sin(\omega t+\varphi)$($A,\varphi$ 和 ω 是任意常数)是方程

$$\frac{\mathrm{d}^{2}i}{\mathrm{d}t^{2}}+\omega^{2}i=0$$

的通解.

3. 求满足下列方程及初始条件的特解:

① $\dfrac{\mathrm{d}y}{\mathrm{d}x}=ky$,$y\big|_{x=0}=y_{0}$;

(答:$y=y_{0}\mathrm{e}^{kx}$)

132

② $(t+2)\dfrac{\mathrm{d}x}{\mathrm{d}t}=3x+1$,$x\big|_{t=0}=0$;

$\left(答:x=\dfrac{1}{3}\left[\left(\dfrac{t}{2}+1\right)^{3}-1\right]\right)$

③ $\dfrac{\mathrm{d}y}{\mathrm{d}x}=\dfrac{-x}{y}$,$y\big|_{x=0}=1$.

(答:$x^{2}+y^{2}=1$)

4. 为了进行温度自动控制,需要了解一物体温度与外界温度 θ_{0} 不同时,物体温度 θ 的变化规律.根据实验总结出来的物理规律,物体温度的变化率 $\dfrac{\mathrm{d}\theta}{\mathrm{d}t}$ 与该物体和外界的温度差成正比,设比例系数为 $k(k>0)$. 今有一温度为 $50\,℃$ 的物体,放入温度为 $20\,℃$ 的房间里(房间的温度看作不变),求物体温度的变化规律.

$\left(提示:微分方程\dfrac{\mathrm{d}\theta}{\mathrm{d}t}=-k(\theta-20),负号表示\dfrac{\mathrm{d}\theta}{\mathrm{d}t}<0.\right)$　(答:$\theta=30\mathrm{e}^{-kt}+20$)

5. 有一质量为 m 的物体,从高处自由落下,若空气阻力与下落速度成正比,比例系数为 k,求下落速度随时间的变化规律.

(提示:利用力学定律,列出微分方程及初始条件为

$$m\frac{\mathrm{d}v}{\mathrm{d}t}=mg-kv \ 及\ v\big|_{t=0}=0$$

g 为重力加速度.）

$$\left(答: v = \frac{mg}{k}\left(1 - e^{-\frac{k}{m}t}\right)\right)$$

6.利用电容器 C 上电压不能突变的特点，可将电阻与电容组成延时电路,图 $4-32$ 是半导体时间继电器中延时部分电路图,延时电路由电容 C 及电阻 R_1,R_2 组成. ①试求当 K 关闭后,电容器电压 u_c 与时间 t 的函数关系,②问要多长时间 u_c 可达最大值的 95%. 已知 $R_1 = 150$ kΩ, $R_2 = 390$ kΩ,$C = 50$ μF,$E = 12$ V.

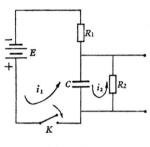

图 $4-32$

（提示:①分析左右两个回路可知下列关系

$$i_1 = i + i_2, \quad E = i_1 R_1 + u_c, \quad u_C = i_2 R_2$$

式中 i_1,i_2 分别是左右回路的回路电流,i 是通过 C 的电流,又

$$i = C\frac{\mathrm{d}u_c}{\mathrm{d}t}$$

得微分方程

$$i_1 = C\frac{\mathrm{d}u_c}{\mathrm{d}t} + i_2, \quad E = R_1 i_1 + u_c, \quad u_C = i_2 R_2$$

化简后,u_C 的微分方程是

$$\frac{\mathrm{d}u_C}{\mathrm{d}t} + \frac{R_1 + R_2}{CR_1 R_2}u_C = \frac{E}{R_1 C}$$

又因开始时 $u_C = 0$,所以得初始条件

$$u_C\Big|_{t=0} = 0$$

② 解得　　　　　$$u_C = \frac{R_2}{R_1 + R_2}E\left(1 - e^{-\frac{t}{\frac{CR_1 R_2}{R_1 + R_2}}}\right)$$

③ 求 u_C 的最大值为 $\dfrac{R_2}{R_1 + R_2}E$.

④ 以 $0.95\left(\dfrac{R_2}{R_1 + R_2}\right)E$ 代入 $u_C(t)$ 求出时间 t）

$$\left(答: t = 3\frac{CR_1 R_2}{R_1 + R_2}, 因为 e^{-3} \approx 0.05\right)$$

有人说读书很重要,但在哪读书也很重要.如果给大多数年轻人以选择的机会,首选应该大概率的是清华大学.

清华大学一直以来有中国第一学府之誉.看一所学校或一个国家教育强不强有一个非常准的判断方法.那就是看那些权贵将子女送到哪里.解放初期哈尔滨军事工程学院也曾聚集了一批红二代,但很快就又都转向了清华.

清华大学入学门槛一直是很高的,据说有多位清华大学高层及知名教授的子女因成绩不够而没能录取.以数学为例,正巧笔者手头有两个资料是谈及清华大学入学考试试题的.

马克·吐温曾经说过一句话:

History does not repeat itself, but it does often rhyme.

历史不会重复,但是会押韵.

最近在网上有这样一个话题引起了无数网友的讨论:"假如可以穿越,以你现在的数学水平,你会选择回到哪一年".

"1832 年,我会想尽一切办法,劝说或者救下伽罗瓦".

"肯定是 1777 年啊,赶在高斯出生之前,出一套数学教科书,然后把现代的数学知识详尽地教给他,这样就可以直接提升文明进程至少一两百年".

"1637 年,我一定要回到 1637 年,我不想做其他事情,只想带上草稿纸去找费马".

无数网友都将自己的想象力飙到极限.

就当所有网友热烈讨论时,有一个网友的回答引起了所有人的注意和强烈共鸣.

"你们这些人是真的傻,如果能穿越,难道你们不想实现自己曾经的清华、北大的大学梦吗?以我们现在的数学水平,回到以前考上清华、北大难道不是十分简单吗?所以我选择回到1949年,那时中华人民共和国刚成立,清华、北大的数学高考试题绝对简单".

无数网友对这一回答深表赞同,而当1949年清华、北大两所大学的数学高考试题出现时,所有人脸上的笑容瞬间凝固了.

具体的试题及解答请见本书的前两章.这两份试题具有较高的历史价值,使我们得以了解当年中国初等教育的顶级水准.以1949年清华大学的试题为例,我们可以推断出华罗庚先生应该是命题者之一.华先生一生有许多"高大上"的身份,但他一直以清华大学数学教授这个身份为荣.由于有华罗庚先生等大数学家亲自参与命制,所以那时的试题尽管难度不大(今天看来),但许多试题构思巧妙且背景深刻.比如,1949年清华大学试题的第 6 题的背景为下列一般问题:求整数 $a_0, a_1, \cdots, a_n$,使三角多项式

$$a_0 + a_1 \cos \varphi + \cdots + a_n \cos n\varphi \geqslant 0 (对一切 \varphi)$$

且适合

$$0 < a_0 < a_1, a_2 \geqslant 0, \cdots, a_n \geqslant 0$$

并使

$$a = \frac{a_1 + a_2 + \cdots + a_n}{2(\sqrt{a_1} - \sqrt{a_0})^2}$$

最小,并求这个最小值.

华先生觉得这个问题太难,所以给出了几个特例.

命题一

1. 当 $n = 2$ 时,有

$$3 + 4\cos \varphi + \cos 2\varphi = 3 + 4\cos \varphi + 2\cos^2 \varphi - 1$$
$$= 2(1 + \cos \varphi)^2 \geqslant 0$$

$$a = \frac{4 + 1}{2(2 - \sqrt{3})^2} = \frac{35}{2} + 10\sqrt{3} \approx 34.82$$

这就是1949年清华大学试题的第 6 题.

2. 当 $n = 3$ 时,有

$$5 + 8\cos \varphi + 4\cos 2\varphi + \cos 3\varphi$$

135

$$=5+8\cos\varphi+4(2\cos^2\varphi-1)+4\cos^3\varphi-3\cos\varphi$$
$$=4\cos^3\varphi+8\cos^2\varphi+5\cos\varphi+1$$
$$=(\cos\varphi+1)(2\cos\varphi+1)^2\geqslant0$$

$$a=\frac{8+4+1}{2(\sqrt{8}-\sqrt{5})^2}=\frac{169}{18}+\frac{26}{9}\sqrt{10}\approx18.52$$

华先生将此特例提供给了 1978 年"文化大革命"后举办的第一次全国及各省市中学数学竞赛,当作第 2 试的 2(2)题.

3. 当 $n=4$ 时,有

$$18+30\cos\varphi+17\cos2\varphi+6\cos3\varphi+\cos4\varphi$$
$$=18+30\cos\varphi+17(2\cos^2\varphi-1)+$$
$$6(4\cos^3\varphi-3\cos\varphi)+(8\cos^4\varphi-8\cos^2\varphi+1)$$
$$=8\cos^4\varphi+24\cos^3\varphi+26\cos^2\varphi+12\cos\varphi+2$$
$$=2[(4\cos^4\varphi+4\cos^3\varphi+\cos^2\varphi)+$$
$$(8\cos^3\varphi+8\cos^2\varphi+2\cos\varphi)+$$
$$(4\cos^2\varphi+4\cos\varphi+1)]$$
$$=2(\cos\varphi+1)^2(2\cos\varphi+1)^2\geqslant0$$

$$a=\frac{30+17+6+1}{2(\sqrt{30}-\sqrt{18})^2}=9+\frac{27}{12}\sqrt{15}\approx17.71$$

华先生指出命题一中的 1,2 情况可用于素数定理的证明,3 可用于估计某些素数函数的上界.

关于黎曼 ζ 函数 $\zeta(s)$ 有一个极其重要的性质(惧怕高等数学的读者可跳过这段):

定理一 在直线 $\sigma=1$ 上 $\zeta(s)$ 没有零点,即

$$\zeta(1+\mathrm{i}t)\neq0 \quad (-\infty<t<+\infty) \qquad\qquad ①$$

这是利用 ζ 函数来证明素数定理的关键. 它的证明利用了 $\zeta(s)$ 的无穷乘积及命题一,即:对任意实数 θ,有

$$3+4\cos\theta+\cos2\theta=2(1+\cos\theta)^2\geqslant0 \qquad\qquad ②$$

证明 由

$$\ln\zeta(s)=-\sum_p\ln\left(1-\frac{1}{p^s}\right) \quad (\sigma>1)$$

及

$$\ln(1-z)=-\sum_{m=1}^{+\infty}\frac{z^m}{m} \quad (|z|<1)$$

得

$$\ln \zeta(s) = \sum_{p} \sum_{m=1}^{+\infty} \frac{1}{mp^{ms}} \quad (\sigma > 1) \tag{③}$$

两端取实部,得

$$\ln|\zeta(\sigma + it)| = \sum_{p} \sum_{m=1}^{+\infty} \frac{\cos(mt\ln p)}{mp^{m\sigma}} \quad (\sigma > 1) \tag{④}$$

由此可得

$$3\ln \zeta(\sigma) + 4\ln|\zeta(\sigma + it)| + \ln|\zeta(\sigma + 2it)|$$

$$= \sum_{p} \sum_{m=1}^{+\infty} \frac{1}{mp^{m\sigma}}[3 + 4\cos(mt\ln p) +$$

$$\cos(2mt\ln p)] \geqslant 0 \tag{⑤}$$

最后一步用到了不等式②,因而有

$$\zeta^3(\sigma)|\zeta(\sigma + it)|^4|\zeta(\sigma + 2it)| \geqslant 1 \quad (\sigma > 1) \tag{⑥}$$

137

如果式①不成立,那么必有 $t_0 \neq 0$ 使

$$\zeta(1 + it_0) = 0$$

在式⑥中取 $t = t_0$,并改写为

$$[(\sigma - 1)\zeta(\sigma)]^3 \left|\frac{\zeta(\sigma + it_0)}{\sigma - 1}\right|^4 |\zeta(\sigma + 2it_0)|$$

$$\geqslant \frac{1}{\sigma - 1} \quad (\sigma > 1) \tag{⑦}$$

由

$$\zeta(s) = \frac{1}{s - 1} + \gamma + O(|s - 1|)$$

知

$$\lim_{\sigma \to 1^+} (\sigma - 1)\zeta(\sigma) = 1$$

由定理:$\zeta(s)$ 可以解析开拓到半平面 $\sigma > 0$,$s = 1$ 是它的一级极点,留数为 1. 知 $\zeta(s)$ 在 $1 + it_0 (t_0 \neq 0)$ 解析,因此

$$\lim_{\sigma \to 1^+} \frac{\zeta(\sigma + it_0)}{\sigma - 1} = \zeta'(1 + it_0)$$

由以上两式知,式⑦的左端当 $\sigma \to 1^+$ 时趋于极限

$$|\zeta'(1 + it_0)|^4 |\zeta(1 + 2it_0)|$$

这是一有限数,而式⑦的右端当 $\sigma \to 1^+$ 时趋于无穷,这一矛盾就证明了定

理.

下面我们将命题一推广至一般情形,为此我们需要几个引理.

引理一 证明

$$\frac{1}{2}+\cos\theta+\cos 2\theta+\cdots+\cos n\theta=\frac{\sin\left(n+\frac{1}{2}\right)\theta}{\sin\frac{\theta}{2}}$$

证明 左边是

$$-\frac{1}{2}+(1+e^{i\theta}+e^{2i\theta}+\cdots+e^{ni\theta})$$

的实部.括号中的项是等比数列之和,等于

$$\frac{e^{i(n+1)\theta}-1}{e^{i\theta}-1}=\frac{\left[e^{i(n+1)\theta}-1\right]e^{-\frac{i\theta}{2}}}{2i\sin\frac{\theta}{2}}$$

实部是

138

$$\frac{\sin\left(n+\frac{1}{2}\right)\theta}{2\sin\frac{\theta}{2}}+\frac{1}{2}$$

现在立即推出结果.

引理二 证明

$$\cos\theta+\cos 3\theta+\cdots+\cos(2n-1)\theta=\frac{\sin 2n\theta}{2\sin\theta}$$

证明 由引理一得

$$\frac{1}{2}+\cos\theta+\cos 2\theta+\cdots+\cos 2n\theta=\frac{\sin\left(2n+\frac{1}{2}\right)\theta}{2\sin\frac{\theta}{2}}$$

与

$$\frac{1}{2}+\cos 2\theta+\cos 4\theta+\cdots+\cos 2n\theta=\frac{\sin(2n+1)\theta}{2\sin\theta}$$

首先分别用 $2n$ 代替 n,2θ 代替 θ,两式相减得

$$\cos\theta+\cos 3\theta+\cdots+\cos(2n-1)\theta$$

$$=\frac{\sin\left(2n+\frac{1}{2}\right)\theta}{2\sin\frac{\theta}{2}}-\frac{\sin(2n+1)\theta}{2\sin\theta}$$

由于

$$\sin\theta = 2\sin\frac{\theta}{2}\cos\frac{\theta}{2}$$

所以上式等于

$$\frac{2\cos\frac{\theta}{2}\sin\left(2n+\frac{1}{2}\right)\theta - \sin(2n+1)\theta}{4\sin\frac{\theta}{2}\cos\frac{\theta}{2}}$$

因为

$$\sin(2n+1)\theta$$
$$= \sin\left(2n+\frac{1}{2}\right)\theta\cos\frac{\theta}{2} + \sin\frac{\theta}{2}\cos\left(2n+\frac{1}{2}\right)\theta$$

所以我们导出所研究的表达式是

$$\frac{\cos\frac{\theta}{2}\sin\left(2n+\frac{1}{2}\right)\theta - \sin\frac{\theta}{2}\cos\left(2n+\frac{1}{2}\right)\theta}{2\sin\theta} = \frac{\sin 2n\theta}{2\sin\theta}$$

这正是所要求的结果.

引理三 证明

$$1 + \frac{\sin 3\theta}{\sin\theta} + \frac{\sin 5\theta}{\sin\theta} + \cdots + \frac{\sin(2n-1)\theta}{\sin\theta} = \left(\frac{\sin n\theta}{\sin\theta}\right)^2$$

证明 我们对 n 用归纳法证明上式. 当 $n=1$ 时,这是显然的. 假设它对 $n \leqslant m$ 成立,我们只需证明当 $n=m+1$ 时它也成立. 在简单的计算后,只需证明
$$\sin^2(n+1)\theta = \sin^2 n\theta + \sin(2n+1)\theta\sin\theta$$
或者等价地证明
$$[\sin(n+1)\theta - \sin n\theta][\sin(n+1)\theta + \sin n\theta]$$
$$= \sin(2n+1)\theta\sin\theta$$

利用

$$\sin A + \sin B = 2\sin\frac{A+B}{2}\cos\frac{A-B}{2}$$

与

$$\sin A - \sin B = 2\cos\frac{A+B}{2}\sin\frac{A-B}{2}$$

我们发现只需证明

$$4\cos\left(n+\frac{1}{2}\right)\theta\sin\frac{\theta}{2}\sin\left(n+\frac{1}{2}\right)\theta\cos\frac{\theta}{2}$$
$$= \sin(2n+1)\theta\sin\theta$$

139

但是,左边是

$$\sin 2\left(n+\frac{1}{2}\right)\theta\sin\theta$$

这正是所要求的结果.

现在我们可以将其推广至一般情形.对所有的整数 $m\geqslant0$,有

$$(2m+1)+2\sum_{j=0}^{2m-1}(j+1)\cos(2m-j)\theta$$

$$=\left[\frac{\sin\left(m+\frac{1}{2}\right)\theta}{\sin\frac{\theta}{2}}\right]^2$$

证明 我们只需证明

$$(2m+1)+2\sum_{j=1}^{2m}(2m-j+1)\cos j\theta$$

$$=\left[\frac{\sin\left(m+\frac{1}{2}\right)\theta}{\sin\frac{\theta}{2}}\right]^2$$

把 θ 变为 2φ,我们只需证明

$$(2m+1)+2\sum_{j=1}^{2m}(2m-j+1)\cos 2j\varphi$$

$$=\left[\frac{\sin(2m+1)\varphi}{\sin\varphi}\right]^2$$

由引理一,我们知道

$$\frac{1}{2}+\cos 2\theta+\cos 4\theta+\cdots+\cos 2n\theta=\frac{\sin(2n+1)\theta}{2\sin\theta}$$

即

$$1+2\sum_{j=1}^{n}\cos 2j\varphi=\frac{\sin(2n+1)\varphi}{\sin\varphi}$$

两边对 $0\leqslant n\leqslant 2m$ 求和,我们得出

$$(2m+1)+2\sum_{n=0}^{2m}\sum_{j=1}^{n}\cos 2j\varphi=\sum_{n=0}^{2m}\frac{\sin(2n+1)\varphi}{\sin\varphi}$$

左边是

$$(2m+1) + 2\sum_{j=1}^{2m} \cos 2j\varphi \sum_{j \leqslant n \leqslant 2m} 1$$

$$= (2m+1) + 2\sum_{j=1}^{2m} (2m-j+1)\cos 2j\varphi$$

由引理三知,右边是

$$\left[\frac{\sin(2m+1)\varphi}{\sin \varphi}\right]^2$$

这正是所要求的结果.

在解析数论中还有一个较重要的结论是由 Kumar Murty 得到的,姑且称之为 Kumar Murty 定理.

Kumar Murty 定理　令 $f(s)$ 是复值函数,满足:

(1) $f(s)$ 在 $\mathrm{Re}(s) > 1$ 中是全纯的,并且不为零;

(2) $\log f(s)$ 可以写成狄利克雷级数

$$\sum_{n=1}^{\infty} \frac{b_n}{n^s}$$

其中对 $\mathrm{Re}(s) > 1$,有 $b_n \geqslant 0$;

(3) 在直线 $\mathrm{Re}(s) = 1$ 上,除在 $s = 1$ 上 $e \geqslant 0$ 阶的极点以外,$f(s)$ 是全纯的.

若 $f(s)$ 在直线 $\mathrm{Re}(s) = 1$ 上有一零点,证明:零点的阶数以 $\frac{e}{2}$ 为界.

这个定理的证明也需要几个引理.

引理四　证明:对 $\sigma > 1, t \in \mathbf{R}$,有

$$\mathrm{Re}(\log \zeta(\sigma+\mathrm{i}t)) = \sum_{n=2}^{\infty} \frac{\Lambda(n)}{n^{\sigma}\log n}\cos(t\log n)$$

证明　由题可知

$$\log \zeta(s) = -\sum_p \log\left(1 - \frac{1}{p^s}\right) = \sum_p \sum_{k=1}^{\infty} \frac{1}{kp^{ks}}$$

$$= \sum_{n=1}^{\infty} \frac{\Lambda(n)}{n^{\sigma}\log n}[\cos(t\log n) - \mathrm{i}\sin(t\log n)]$$

由此推出结果.

引理五　对 $\sigma > 1, t \in \mathbf{R}$,有

$$\mathrm{Re}(3\log \zeta(\sigma) + 4\log\zeta(\sigma+\mathrm{i}t) + \log \zeta(\sigma+2\mathrm{i}t)) \geqslant 0$$

证明　由引理四,我们看出不等式的左边是

$$\sum_{n=1}^{\infty} \frac{\Lambda(n)}{n^{\sigma}\log n}[3 + 4\cos(t\log n) + \cos(2t\log n)]$$

141

由命题一有

$$3+4\cos\theta+\cos 2\theta=2(1+\cos\theta)^2\geqslant 0$$

立即推出结果.

引理六 对 $\sigma>1,t\in\mathbf{R}$,有

$$|\zeta(\sigma)^3\zeta(\sigma+it)^4\zeta(\sigma+2it)|\geqslant 1$$

由定理一,对任一 $t\in\mathbf{R},t\neq 0$,有 $\zeta(1+it)\neq 0$. 用类似的方法,考虑到

$$\zeta(\sigma)^3 L(\sigma,\chi)^4 L(\sigma,\chi^2)$$

对非实数 χ,推导 $L(1,\chi)\neq 0$.

证明 由引理四与引理五,我们得出

$$|\zeta(\sigma)^3\zeta(\sigma+it)^4\zeta(\sigma+2it)|\geqslant 1$$

现在我们知道

$$\lim_{\sigma\to 1^+}(\sigma-1)\zeta(\sigma)=1$$

设 $\zeta(s)$ 在 $s=1+it,t\neq 0$ 上有 m 阶零点,则

$$\lim_{\sigma\to 1^+}\frac{\zeta(\sigma+it)}{(\sigma-1)^m}=c\neq 0$$

因此

$$|(\sigma-1)^3\zeta(\sigma)^3(\sigma-1)^{-4m}\zeta(\sigma+it)^4\zeta(\sigma+2it)|$$
$$\geqslant(\sigma-1)^{3-4m}$$

令 $\sigma\to 1^+$ 给出左边的有限极限,当 $m\geqslant 1$ 时,右边无穷大. 所以对 $t\in\mathbf{R},t\neq 0$,有 $\zeta(1+it)\neq 0$. 若 $\chi^2\neq\chi_0$,其中 χ_0 是主特征标(mod q),则

$$\log L(\sigma,\chi)=\sum_p\sum_{v=1}^{\infty}\frac{\chi(p)^v}{p^{\sigma v}v}\quad(\sigma>1)$$

并且对 χ^2 是类似的. 注意,若 $\chi(p)=e^{2\pi i\theta_p}$,则 $\chi^2(p)=e^{4\pi i\theta_p}$. 利用命题一

$$3+4\cos\theta+\cos 2\theta\geqslant 0$$

与引理四,其中 $t=0$,我们取实部就得出

$$3\log\zeta(\sigma)+4\text{Re}(\log L(\sigma,\chi))+\text{Re}(\log L(\sigma,\chi^2))\geqslant 0$$

这给出

$$|\zeta(\sigma)^3 L(\sigma,\chi)^4 L(\sigma,\chi^2)|\geqslant 1$$

与上述类似. 若 $L(1,\chi)=0$,则得出 $L(\sigma,\chi)^4$ 的 4 阶极点,而 $\zeta(\sigma)^3$ 给出 3 阶极点. 但是,$L(\sigma,\chi^2)$ 在 $s=1$ 上无极点,因为 χ^2 不是主特征标.

由以上几个引理我们就可证明 Kumar Murty 定理.

证明 设 $f(s)$ 在 $1+it_0$ 上有 $k>\dfrac{e}{2}$ 阶零点,则 $e\leqslant 2k-1$. 考虑函数

$$g(s) = f(s)^{2k+1} \prod_{j=1}^{2k} f(s + \mathrm{i}jt_0)^{2(2k+1-j)}$$

$$= f(s)^{2k+1} f(s + \mathrm{i}t_0)^{4k} f(s + 2\mathrm{i}t_0)^{4k-2} \cdots f(s + 2k\mathrm{i}t_0)^2$$

则 $g(s)$ 对 $\mathrm{Re}(s) > 1$ 是全纯的,且至少在 $s=1$ 上一阶零点为零.因为

$$4k^2 - (2k+1)e \geqslant 4k^2 - (2k+1)(2k-1) = 1$$

但是对 $\mathrm{Re}(s) > 1$,有

$$\log g(s) = \sum_{n=1}^{\infty} \frac{b_n}{n^s} \left[2k + 1 + 2 \sum_{j=1}^{2k} 2(2k+1-j)n^{-\mathrm{i}jt_0} \right]$$

令 $\theta = t_0 \log n$,则对 $s = \sigma > 1$,有

$$\mathrm{Re}(\log g(\sigma)) = \log |g(\sigma)|$$

$$= \sum_{n=1}^{\infty} \frac{b_n}{n^{\sigma}} \left[2k + 1 + 2 \sum_{j=1}^{2k} 2(2k+1-j)\cos j\theta \right]$$

由一般情形,括号中的数量大于或等于 0,因此

$$|g(\sigma)| \geqslant 1$$

令 $\sigma \to 1^+$,得出矛盾,因为 $g(1) = 0$.

至此,我们对华罗庚先生的命题思路进行了完全的解读.

1952 年,教育部明确规定,除个别学校经教育部批准外,各高等学校一律参加全国统一招生考试,直到那时统一的高考制度才基本形成.

所以在 1949 年,中华人民共和国成立初期,高考招生办法和条件都是由各个学校自行制定的,大部分大学均实行自主招生,而北大、清华等少数学校实行联合招生.

当所有人看到清华这份高考题之后,有人一脸悲痛地说道:"以我这样的数学水平,不管穿越到哪一年,基本都是和清华无缘了,这个梦为什么这么残酷!"

也有人回答道:"这种题放到现在基本就被秒杀,是小儿科的题,假如真的能穿越,我才不会把时间浪费到这上面.我要回到 1895 年之前,将那个敢和诺贝尔抢女人的数学家干掉,然后顺便拿一个数学诺贝尔奖."

假如让你穿越回到 1949 年,以你现在的数学水平,你能考上清华吗?

在超出常态的激烈竞争和残酷的淘汰机制之下,个人若不速成,可能就有被速汰之虞,这使许多年轻人变得焦虑不安或变得聪明精致."何不策高足,先据要路津.无为守穷贱,坎坷长苦辛."这恐怕也是一些年轻人的心态.

今天的社会现实是社会上的大部分家长都想方设法把自己的孩子送进清华.

由于现在是全国统一考试,试题不能像以前那样随心所欲的难.所以区分

度这个难题不好解决,于是自主招生应运而生.著名高校各显神通,纷纷出招. 以一道近几年的清华大学金秋营试题为例,读者们可以试试自己距清华大学校门有多远!

试题 求方程 $x^5+10x^3+20x-4=0$ 的所有根.

解法 1 设 $x=z-\dfrac{2}{z}$,则方程

$$x^5+10x^3+20x-4=0$$

可化为

$$z^5-\frac{32}{z^5}-4=0$$

于是 $z^5=-4$ 或 $z^5=8$,故 $z=\sqrt[5]{8}\,\mathrm{e}^{\mathrm{i}\frac{2k\pi}{5}}-\sqrt[5]{4}\,\mathrm{e}^{-\mathrm{i}\frac{2k\pi}{5}}=4$,其中 $k=0,1,2,3,4$.

解法 2 设

$$x=\lambda\left(t-\frac{1}{t}\right)$$

则原方程变为

$$\lambda^5\left(t-\frac{1}{t}\right)^5+10\lambda^3\left(t-\frac{1}{t}\right)^3+20\lambda\left(t-\frac{1}{t}\right)=4$$

即

$$\lambda^5\left(t^5-\frac{1}{t^5}\right)-5\lambda^2(\lambda^2-2)\left(t^2-\frac{1}{t^2}\right)+$$

$$10(\lambda^2-1)(\lambda^2-2)\left(t-\frac{1}{t}\right)=\frac{4}{\lambda}$$

令 $\lambda=\sqrt{2}$,则

$$t^5-\frac{1}{t^5}=\frac{1}{\sqrt{2}}=\sqrt{2}-\frac{1}{\sqrt{2}}$$

由单调性可知

$$t^5=\sqrt{2}$$

从而

$$t=\sqrt[10]{2}\,\mathrm{e}^{\mathrm{i}\frac{2k\pi}{3}},k=0,1,2,3,4$$

因此

$$x=\sqrt{2}\left(t-\frac{1}{t}\right)=\sqrt[5]{8}\,\mathrm{e}^{\mathrm{i}\frac{2k\pi}{3}}-\sqrt[5]{4}\,\mathrm{e}^{-\mathrm{i}\frac{2k\pi}{3}},k=0,1,2,3,4$$

解法 3 首先介绍一类特殊的一元五次方程

$$x^5 + px^3 + \frac{p^2}{5}x + q = 0$$

的解法.

令 $x = u + v$，则

$$(u+v)^5 + p(u+v)^3 + \frac{p^2}{5}(u+v) + q = 0$$

而

$$(u+v)^5 = u^5 + v^5 + 5uv(u^3+v^3) + 10u^2v^2(u+v)$$
$$= u^5 + v^5 + 5uv(u+v)^5 - 5u^2v^2(u+v)$$

故

$$u^5 + v^5 + (5uv+p)(u+v)^3 -$$
$$(5u^2v^2 - \frac{p^2}{5})(u+v) + q = 0$$

令 $uv = -\frac{p}{5}$，则

$$u^5 + v^5 + q = 0$$

由

$$\begin{cases} uv = -\dfrac{p}{5} \\ u^5 + v^5 = -q \end{cases}$$

可解得 u, v.

回到原题，$p=10, q=-4$，则

$$\begin{cases} uv = -2 \\ u^5 + v^5 = 4 \end{cases}$$

解得

$$\begin{cases} u_1 = \sqrt[5]{4}\, e^{i\frac{\pi}{5}} \\ v_1 = \sqrt[5]{8}\, e^{i\frac{4\pi}{5}} \end{cases}$$

$$\begin{cases} u_2 = \sqrt[5]{4}\, e^{i\frac{3\pi}{5}} \\ v_2 = \sqrt[5]{8}\, e^{i\frac{2\pi}{5}} \end{cases}$$

$$\begin{cases} u_3 = \sqrt[5]{4}\, e^{i\pi} = -\sqrt[5]{4} \\ v_3 = \sqrt[5]{8}\, e^{i0} = \sqrt[5]{8} \end{cases}$$

$$\begin{cases} u_4 = \sqrt[5]{4}\, e^{i\frac{7\pi}{5}} \\ v_4 = \sqrt[5]{8}\, e^{i\frac{8\pi}{5}} \end{cases}$$

145

$$\begin{cases} u_5 = \sqrt[5]{4}\, e^{i\frac{9}{5}\pi} \\ v_5 = \sqrt[5]{8}\, e^{i\frac{6}{5}\pi} \end{cases}$$

因此原方程的五个根为

$$x_i = u_i + v_i$$

其中 $i = 1, 2, \cdots, 5$.

解法 4　注意到满足 $f(2\sqrt{2}\sin ht) = 8\sqrt{2}\cos h5t$ 的多项式是

$$f(x) = x^5 + 10x^3 + 20x$$

即

$$8\sqrt{2} \times \frac{e^{5t} - e^{-5t}}{2} = 4$$

所以 $e^{5t} = \sqrt{2}$ 或 $-\dfrac{\sqrt{2}}{2}$.

于是 $e^t = \sqrt[10]{2}\, e^{i\frac{2k\pi}{5}}$ 或 $-\dfrac{1}{\sqrt[10]{2}}\, e^{i\frac{2k\pi}{5}}$,其中 $i = 0, 1, 2, 3, 4$.

故 $x = \sqrt{2}(e^t - e^{-t}) = \sqrt[5]{8}\, e^{i\frac{2k\pi}{5}} - \sqrt[5]{4}\, e^{-i\frac{2k\pi}{5}}$,其中 $k = 0, 1, 2, 3, 4$.

本题的背景是切比雪夫多项式.若不熟悉切比雪夫多项式,要做出此题,难度异常之大.

狄更斯在《双城记》的开篇曾写到:这是最好的时代,也是最坏的时代.这话在某种意义上可以形容不同阶层的人对"文化大革命"的评价.如果从工人、农民能平步青云,不用考试就进入中国最高学府读书的这个角度看,他们当然会认为这是好时代,但从所学内容、水准来评价,这是最坏的时代.当然我们没有能力也无意去妄议这些政治敏感话题.我们只是想像一位考古工作者那样,挖掘出那个时代的一件文物提供给有志于研究中国近现代数学教育史的学者参考.

对普通人来讲,它更像是一幅老照片,使人回味,追忆.张爱玲在《连环套》中说:"照片这东西不过是生命的碎壳,纷纷的岁月已过去,瓜子仁一粒粒咽了下去,滋味各人自己知道,留给大家看的不过是满地狼藉的黑白的瓜子壳."《连环套》描写的时代是黑白照片的时代.然后是彩色照片时代,很多人家都曾经有过压着玻璃板的写字台,玻璃板底下是几张大大小小各种时代的照片.压的时间太久或渗进了水,有些已经跟玻璃板成了一体.看着照片长大的孩子离开了家,再回来的时候所有人都老了.

刘培杰

2020 年 9 月 1 日

于哈工大

146

刘培杰数学工作室
已出版（即将出版）图书目录——高等数学

书　名	出版时间	定　价	编号
距离几何分析导引	2015—02	68.00	446
大学几何学	2017—01	78.00	688
关于曲面的一般研究	2016—11	48.00	690
近世纯粹几何学初论	2017—01	58.00	711
拓扑学与几何学基础讲义	2017—04	58.00	756
物理学中的几何方法	2017—06	88.00	767
几何学简史	2017—08	28.00	833
微分几何学历史概要	2020—07	58.00	1194
复变函数引论	2013—10	68.00	269
伸缩变换与抛物旋转	2015—01	38.00	449
无穷分析引论(上)	2013—04	88.00	247
无穷分析引论(下)	2013—04	98.00	245
数学分析	2014—04	28.00	338
数学分析中的一个新方法及其应用	2013—01	38.00	231
数学分析例选:通过范例学技巧	2013—01	88.00	243
高等代数例选:通过范例学技巧	2015—06	88.00	475
基础数论例选:通过范例学技巧	2018—09	58.00	978
三角级数论(上册)(陈建功)	2013—01	38.00	232
三角级数论(下册)(陈建功)	2013—01	48.00	233
三角级数论(哈代)	2013—06	48.00	254
三角级数	2015—07	28.00	263
超越数	2011—03	18.00	109
三角和方法	2011—03	18.00	112
随机过程(Ⅰ)	2014—01	78.00	224
随机过程(Ⅱ)	2014—01	68.00	235
算术探索	2011—12	158.00	148
组合数学	2012—04	28.00	178
组合数学浅谈	2012—03	28.00	159
丢番图方程引论	2012—03	48.00	172
拉普拉斯变换及其应用	2015—02	38.00	447
高等代数.上	2016—01	38.00	548
高等代数.下	2016—01	38.00	549
高等代数教程	2016—01	58.00	579
高等代数引论	2020—07	48.00	1174
数学解析教程.上卷.1	2016—01	58.00	546
数学解析教程.上卷.2	2016—01	38.00	553
数学解析教程.下卷.1	2017—04	48.00	781
数学解析教程.下卷.2	2017—06	48.00	782
函数构造论.上	2016—01	38.00	554
函数构造论.中	2017—06	48.00	555
函数构造论.下	2016—09	48.00	680
函数逼近论(上)	2019—02	98.00	1014
概周期函数	2016—01	48.00	572
变叙的项的极限分布律	2016—01	18.00	573
整函数	2012—08	18.00	161
近代拓扑学研究	2013—04	38.00	239
多项式和无理数	2008—01	68.00	22

刘培杰数学工作室
已出版(即将出版)图书目录——高等数学

书　　名	出版时间	定　价	编号
模糊数据统计学	2008－03	48.00	31
模糊分析学与特殊泛函空间	2013－01	68.00	241
常微分方程	2016－01	58.00	586
平稳随机函数导论	2016－03	48.00	587
量子力学原理.上	2016－01	38.00	588
图与矩阵	2014－08	40.00	644
钢丝绳原理:第二版	2017－01	78.00	745
代数拓扑和微分拓扑简史	2017－06	68.00	791
半序空间泛函分析.上	2018－06	48.00	924
半序空间泛函分析.下	2018－06	68.00	925
概率分布的部分识别	2018－07	68.00	929
Cartan 型单模李超代数的上同调及极大子代数	2018－07	38.00	932
纯数学与应用数学若干问题研究	2019－03	98.00	1017
数理金融学与数理经济学若干问题研究	2020－07	98.00	1180
清华大学"工农兵学员"微积分课本	2020－09	48.00	1228
受控理论与解析不等式	2012－05	78.00	165
不等式的分拆降维降幂方法与可读证明(第2版)	2020－07	78.00	1184
石焕南文集:受控理论与不等式研究	2020－09	198.00	1198
实变函数论	2012－06	78.00	181
复变函数论	2015－08	38.00	504
非光滑优化及其变分分析	2014－01	48.00	230
疏散的马尔科夫链	2014－01	58.00	266
马尔科夫过程论基础	2015－01	28.00	433
初等微分拓扑学	2012－07	18.00	182
方程式论	2011－03	38.00	105
Galois 理论	2011－03	18.00	107
古典数学难题与伽罗瓦理论	2012－11	58.00	223
伽罗华与群论	2014－01	28.00	290
代数方程的根式解及伽罗瓦理论	2011－03	28.00	108
代数方程的根式解及伽罗瓦理论(第二版)	2015－01	28.00	423
线性偏微分方程讲义	2011－03	18.00	110
几类微分方程数值方法的研究	2015－05	38.00	485
分数阶微分方程理论与应用	2020－05	95.00	1182
N 体问题的周期解	2011－03	28.00	111
代数方程式论	2011－05	18.00	121
线性代数与几何:英文	2016－06	58.00	578
动力系统的不变量与函数方程	2011－07	48.00	137
基于短语评价的翻译知识获取	2012－02	48.00	168
应用随机过程	2012－04	48.00	187
概率论导引	2012－04	18.00	179
矩阵论(上)	2013－06	58.00	250
矩阵论(下)	2013－06	48.00	251
对称锥互补问题的内点法:理论分析与算法实现	2014－08	68.00	368
抽象代数:方法导引	2013－06	38.00	257
集论	2016－01	48.00	576
多项式理论研究综述	2016－01	38.00	577
函数论	2014－11	78.00	395
反问题的计算方法及应用	2011－11	28.00	147
数阵及其应用	2012－02	28.00	164
绝对值方程—折边与组合图形的解析研究	2012－07	48.00	186
代数函数论(上)	2015－07	38.00	494
代数函数论(下)	2015－07	38.00	495

书　名	出版时间	定　价	编号
偏微分方程论:法文	2015—10	48.00	533
时标动力学方程的指数型二分性与周期解	2016—04	48.00	606
重刚体绕不动点运动方程的积分法	2016—05	68.00	608
水轮机水力稳定性	2016—05	48.00	620
Lévy 噪音驱动的传染病模型的动力学行为	2016—05	48.00	667
铣加工动力学系统稳定性研究的数学方法	2016—11	28.00	710
时滞系统:Lyapunov 泛函和矩阵	2017—05	68.00	784
粒子图像测速仪实用指南:第二版	2017—08	78.00	790
数域的上同调	2017—08	98.00	799
图的正交因子分解(英文)	2018—01	38.00	881
图的度因子和分支因子:英文	2019—09	88.00	1108
点云模型的优化配准方法研究	2018—07	58.00	927
锥形波入射粗糙表面反散射问题理论与算法	2018—03	68.00	936
广义逆的理论与计算	2018—07	58.00	973
不定方程及其应用	2018—12	58.00	998
几类椭圆型偏微分方程高效数值算法研究	2018—08	48.00	1025
现代密码算法概论	2019—05	98.00	1061
模形式的 p 一进性质	2019—06	78.00	1088
混沌动力学:分形、平铺、代换	2019—09	48.00	1109
微分方程,动力系统与混沌引论:第 3 版	2020—05	65.00	1144
分数阶微分方程理论与应用	2020—05	95.00	1187
Galois 上同调	2020—04	138.00	1131
毕达哥拉斯定理:英文	2020—03	38.00	1133
吴振奎高等数学解题真经(概率统计卷)	2012—01	38.00	149
吴振奎高等数学解题真经(微积分卷)	2012—01	68.00	150
吴振奎高等数学解题真经(线性代数卷)	2012—01	58.00	151
高等数学解题全攻略(上卷)	2013—06	58.00	252
高等数学解题全攻略(下卷)	2013—06	58.00	253
高等数学复习纲要	2014—01	18.00	384
超越吉米多维奇.数列的极限	2009—11	48.00	58
超越普里瓦洛夫.留数卷	2015—01	28.00	437
超越普里瓦洛夫.无穷乘积与它对解析函数的应用卷	2015—05	28.00	477
超越普里瓦洛夫.积分卷	2015—06	18.00	481
超越普里瓦洛夫.基础知识卷	2015—06	28.00	482
超越普里瓦洛夫.数项级数卷	2015—07	38.00	489
超越普里瓦洛夫.微分、解析函数、导数卷	2018—01	48.00	852
统计学专业英语	2007—03	28.00	16
统计学专业英语(第二版)	2012—07	48.00	176
统计学专业英语(第三版)	2015—04	68.00	465
代换分析:英文	2015—07	38.00	499
历届美国大学生数学竞赛试题集.第一卷(1938—1949)	2015—01	28.00	397
历届美国大学生数学竞赛试题集.第二卷(1950—1959)	2015—01	28.00	398
历届美国大学生数学竞赛试题集.第三卷(1960—1969)	2015—01	28.00	399
历届美国大学生数学竞赛试题集.第四卷(1970—1979)	2015—01	18.00	400
历届美国大学生数学竞赛试题集.第五卷(1980—1989)	2015—01	28.00	401
历届美国大学生数学竞赛试题集.第六卷(1990—1999)	2015—01	28.00	402
历届美国大学生数学竞赛试题集.第七卷(2000—2009)	2015—08	18.00	403
历届美国大学生数学竞赛试题集.第八卷(2010—2012)	2015—01	18.00	404
超越普特南试题:大学数学竞赛中的方法与技巧	2017—04	98.00	758
历届国际大学生数学竞赛试题集(1994—2010)	2012—01	28.00	143

刘培杰数学工作室

已出版（即将出版）图书目录——高等数学

书　名	出版时间	定　价	编号
全国大学生数学夏令营数学竞赛试题及解答	2007—03	28.00	15
全国大学生数学竞赛辅导教程	2012—07	28.00	189
全国大学生数学竞赛复习全书(第2版)	2017—05	58.00	787
历届美国大学生数学竞赛试题集	2009—03	88.00	43
前苏联大学生数学奥林匹克竞赛题解(上编)	2012—04	28.00	169
前苏联大学生数学奥林匹克竞赛题解(下编)	2012—04	38.00	170
大学生数学竞赛讲义	2014—09	28.00	371
大学生数学竞赛教程——高等数学(基础篇、提高篇)	2018—09	128.00	968
普林斯顿大学数学竞赛	2016—06	38.00	669
考研高等数学高分之路	2020—10	45.00	1203
越过211,刷到985:考研数学二	2019—10	68.00	1115
初等数论难题集(第一卷)	2009—05	68.00	44
初等数论难题集(第二卷)(上、下)	2011—02	128.00	82,83
数论概貌	2011—03	18.00	93
代数数论(第二版)	2013—08	58.00	94
代数多项式	2014—06	38.00	289
初等数论的知识与问题	2011—02	28.00	95
超越数论基础	2011—03	28.00	96
数论初等教程	2011—03	28.00	97
数论基础	2011—03	18.00	98
数论基础与维诺格拉多夫	2014—03	18.00	292
解析数论基础	2012—08	28.00	216
解析数论基础(第二版)	2014—01	48.00	287
解析数论问题集(第二版)(原版引进)	2014—05	88.00	343
解析数论问题集(第二版)(中译本)	2016—04	88.00	607
解析数论基础(潘承洞,潘承彪著)	2016—07	98.00	673
解析数论导引	2016—07	58.00	674
数论入门	2011—03	38.00	99
代数数论入门	2015—03	38.00	448
数论开篇	2012—07	28.00	194
解析数论引论	2011—03	48.00	100
Barban Davenport Halberstam 均值和	2009—01	40.00	33
基础数论	2011—03	28.00	101
初等数论100例	2011—05	18.00	122
初等数论经典例题	2012—07	18.00	204
最新世界各国数学奥林匹克中的初等数论试题(上、下)	2012—01	138.00	144,145
初等数论(Ⅰ)	2012—01	18.00	156
初等数论(Ⅱ)	2012—01	18.00	157
初等数论(Ⅲ)	2012—01	28.00	158
平面几何与数论中未解决的新老问题	2013—01	68.00	229
代数数论简史	2014—11	28.00	408
代数数论	2015—09	88.00	532
代数、数论及分析习题集	2016—11	98.00	695
数论导引提要及习题解答	2016—01	48.00	559
素数定理的初等证明.第2版	2016—09	48.00	686
数论中的模函数与狄利克雷级数(第二版)	2017—11	78.00	837
数论:数学导引	2018—01	68.00	849
域论	2018—04	68.00	884
代数数论(冯克勤　编著)	2018—04	68.00	885
范氏大代数	2019—02	98.00	1016

书 名	出版时间	定 价	编号
新编 640 个世界著名数学智力趣题	2014—01	88.00	242
500 个最新世界著名数学智力趣题	2008—06	48.00	3
400 个最新世界著名数学最值问题	2008—09	48.00	36
500 个世界著名数学征解问题	2009—06	48.00	52
400 个中国最佳初等数学征解老问题	2010—01	48.00	60
500 个俄罗斯数学经典老题	2011—01	28.00	81
1000 个国外中学物理好题	2012—04	48.00	174
300 个日本高考数学题	2012—05	38.00	142
700 个早期日本高考数学试题	2017—02	88.00	752
500 个前苏联早期高考数学试题及解答	2012—05	28.00	185
546 个早期俄罗斯大学生数学竞赛题	2014—03	38.00	285
548 个来自美苏的数学好问题	2014—11	28.00	396
20 所苏联著名大学早期入学试题	2015—02	18.00	452
161 道德国工科大学生必做的微分方程习题	2015—05	28.00	469
500 个德国工科大学生必做的高数习题	2015—06	28.00	478
360 个数学竞赛问题	2016—08	58.00	677
德国讲义日本考题.微积分卷	2015—04	48.00	456
德国讲义日本考题.微分方程卷	2015—04	38.00	457
二十世纪中叶中、英、美、日、法、俄高考数学试题精选	2017—06	38.00	783
博弈论精粹	2008—03	58.00	30
博弈论精粹.第二版(精装)	2015—01	88.00	461
数学 我爱你	2008—01	28.00	20
精神的圣徒 别样的人生——60 位中国数学家成长的历程	2008—09	48.00	39
数学史概论	2009—06	78.00	50
数学史概论(精装)	2013—03	158.00	272
数学史选讲	2016—01	48.00	544
斐波那契数列	2010—02	28.00	65
数学拼盘和斐波那契魔方	2010—07	38.00	72
斐波那契数列欣赏	2011—01	28.00	160
数学的创造	2011—02	48.00	85
数学美与创造力	2016—01	48.00	595
数海拾贝	2016—01	48.00	590
数学中的美	2011—02	38.00	84
数论中的美学	2014—12	38.00	351
数学王者 科学巨人——高斯	2015—01	28.00	428
振兴祖国数学的圆梦之旅:中国初等数学研究史话	2015—06	98.00	490
二十世纪中国数学史料研究	2015—10	48.00	536
数字谜、数阵图与棋盘覆盖	2016—01	58.00	298
时间的形状	2016—01	38.00	556
数学发现的艺术:数学探索中的合情推理	2016—07	58.00	671
活跃在数学中的参数	2016—07	48.00	675

已出版(即将出版)图书目录——高等数学

书　名	出版时间	定　价	编号
格点和面积	2012－07	18.00	191
射影几何趣谈	2012－04	28.00	175
斯潘纳尔引理——从一道加拿大数学奥林匹克试题谈起	2014－01	28.00	228
李普希兹条件——从几道近年高考数学试题谈起	2012－10	18.00	221
拉格朗日中值定理——从一道北京高考试题的解法谈起	2015－10	18.00	197
闵科夫斯基定理——从一道清华大学自主招生试题谈起	2014－01	28.00	198
哈尔测度——从一道冬令营试题的背景谈起	2012－08	28.00	202
切比雪夫逼近问题——从一道中国台北数学奥林匹克试题谈起	2013－04	38.00	238
伯恩斯坦多项式与贝齐尔曲面——从一道全国高中数学联赛试题谈起	2013－03	38.00	236
卡塔兰猜想——从一道普特南竞赛试题谈起	2013－06	18.00	256
麦卡锡函数和阿克曼函数——从一道前南斯拉夫数学奥林匹克试题谈起	2012－08	18.00	201
贝蒂定理与拉姆贝克莫斯尔定理——从一个拣石子游戏谈起	2012－08	18.00	217
皮亚诺曲线和豪斯道夫分球定理——从无限集谈起	2012－08	18.00	211
平面凸图形与凸多面体	2012－10	28.00	218
斯坦因豪斯问题——从一道二十五省市自治区中学数学竞赛试题谈起	2012－07	18.00	196
纽结理论中的亚历山大多项式与琼斯多项式——从一道北京市高一数学竞赛试题谈起	2012－07	28.00	195
原则与策略——从波利亚"解题表"谈起	2013－04	38.00	244
转化与化归——从三大尺规作图不能问题谈起	2012－08	28.00	214
代数几何中的贝祖定理(第一版)——从一道IMO试题的解法谈起	2013－08	18.00	193
成功连贯理论与约当块理论——从一道比利时数学竞赛试题谈起	2012－04	18.00	180
素数判定与大数分解	2014－08	18.00	199
置换多项式及其应用	2012－10	18.00	220
椭圆函数与模函数——从一道美国加州大学洛杉矶分校(UCLA)博士资格考题谈起	2012－10	28.00	219
差分方程的拉格朗日方法——从一道2011年全国高考理科试题的解法谈起	2012－08	28.00	200
力学在几何中的一些应用	2013－01	38.00	240
高斯散度定理、斯托克斯定理和平面格林定理——从一道国际大学生数学竞赛试题谈起	即将出版		
康托洛维奇不等式——从一道全国高中联赛试题谈起	2013－03	28.00	337
西格尔引理——从一道第18届IMO试题的解法谈起	即将出版		
罗斯定理——从一道前苏联数学竞赛试题谈起	即将出版		
拉克斯定理和阿廷定理——从一道IMO试题的解法谈起	2014－01	58.00	246
毕卡大定理——从一道美国大学数学竞赛试题谈起	2014－07	18.00	350
贝齐尔曲线——从一道全国高中联赛试题谈起	即将出版		
拉格朗日乘子定理——从一道2005年全国高中联赛试题的高等数学解法谈起	2015－05	28.00	480
雅可比定理——从一道日本数学奥林匹克试题谈起	2013－04	48.00	249
李天岩－约克定理——从一道波兰数学竞赛试题谈起	2014－06	28.00	349
整系数多项式因式分解的一般方法——从克朗耐克算法谈起	即将出版		

刘培杰数学工作室
已出版（即将出版）图书目录——高等数学

书　名	出版时间	定　价	编号
布劳维不动点定理——从一道前苏联数学奥林匹克试题谈起	2014—01	38.00	273
伯恩赛德定理——从一道英国数学奥林匹克试题谈起	即将出版		
布查特－莫斯特定理——从一道上海市初中竞赛试题谈起	即将出版		
数论中的同余数问题——从一道普特南竞赛试题谈起	即将出版		
范·德蒙行列式——从一道美国数学奥林匹克试题谈起	即将出版		
中国剩余定理：总数法构建中国历史年表	2015—01	28.00	430
牛顿程序与方程求根——从一道全国高考试题解法谈起	即将出版		
库默尔定理——从一道IMO预选试题谈起	即将出版		
卢丁定理——从一道冬令营试题的解法谈起	即将出版		
沃斯滕霍姆定理——从一道IMO预选试题谈起	即将出版		
卡尔松不等式——从一道莫斯科数学奥林匹克试题谈起	即将出版		
信息论中的香农熵——从一道近年高考压轴题谈起	即将出版		
约当不等式——从一道希望杯竞赛试题谈起	即将出版		
拉比诺维奇定理	即将出版		
刘维尔定理——从一道《美国数学月刊》征解问题的解法谈起	即将出版		
卡塔兰恒等式与级数求和——从一道IMO试题的解法谈起	即将出版		
勒让德猜想与素数分布——从一道爱尔兰竞赛试题谈起	即将出版		
天平称重与信息论——从一道基辅市数学奥林匹克试题谈起	即将出版		
哈密尔顿－凯莱定理：从一道高中数学联赛试题的解法谈起	2014—09	18.00	376
艾思特曼定理——从一道CMO试题的解法谈起	即将出版		
一个爱尔特希问题——从一道西德数学奥林匹克试题谈起	即将出版		
有限群中的爱丁格尔问题——从一道北京市初中二年级数学竞赛试题谈起	即将出版		
糖水中的不等式——从初等数学到高等数学	2019—07	48.00	1093
帕斯卡三角形	2014—03	18.00	294
蒲丰投针问题——从2009年清华大学的一道自主招生试题谈起	2014—01	38.00	295
斯图姆定理——从一道"华约"自主招生试题的解法谈起	2014—01	18.00	296
许瓦兹引理——从一道加利福尼亚大学伯克利分校数学系博士生试题谈起	2014—08	18.00	297
拉姆塞定理——从王诗宬院士的一个问题谈起	2016—04	48.00	299
坐标法	2013—12	28.00	332
数论三角形	2014—04	38.00	341
毕克定理	2014—07	18.00	352
数林掠影	2014—09	48.00	389
我们周围的概率	2014—10	38.00	390
凸函数最值定理：从一道华约自主招生题的解法谈起	2014—10	28.00	391
易学与数学奥林匹克	2014—10	38.00	392
生物数学趣谈	2015—01	18.00	409
反演	2015—01	28.00	420
因式分解与圆锥曲线	2015—01	18.00	426
轨迹	2015—01	28.00	427
面积原理：从常庚哲命的一道CMO试题的积分解法谈起	2015—01	48.00	431
形形色色的不动点定理：从一道28届IMO试题谈起	2015—01	38.00	439
柯西函数方程：从一道上海交大自主招生的试题谈起	2015—02	28.00	440

刘培杰数学工作室
已出版(即将出版)图书目录——高等数学

书　名	出版时间	定　价	编号
三角恒等式	2015—02	28.00	442
无理性判定:从一道 2014 年"北约"自主招生试题谈起	2015—01	38.00	443
数学归纳法	2015—03	18.00	451
极端原理与解题	2015—04	28.00	464
法雷级数	2014—08	18.00	367
摆线族	2015—01	38.00	438
函数方程及其解法	2015—05	38.00	470
含参数的方程和不等式	2012—09	28.00	213
希尔伯特第十问题	2016—01	38.00	543
无穷小量的求和	2016—01	28.00	545
切比雪夫多项式:从一道清华大学金秋营试题谈起	2016—01	38.00	583
泽肯多夫定理	2016—03	38.00	599
代数等式证题法	2016—01	28.00	600
三角等式证题法	2016—01	28.00	601
吴大任教授藏书中的一个因式分解公式:从一道美国数学邀请赛试题的解法谈起	2016—06	28.00	656
易卦——类万物的数学模型	2017—08	68.00	838
"不可思议"的数与数系可持续发展	2018—01	38.00	878
最短线	2018—01	38.00	879
从毕达哥拉斯到怀尔斯	2007—10	48.00	9
从迪利克雷到维斯卡尔迪	2008—01	48.00	21
从哥德巴赫到陈景润	2008—05	98.00	35
从庞加莱到佩雷尔曼	2011—08	138.00	136
从费马到怀尔斯——费马大定理的历史	2013—10	198.00	I
从庞加莱到佩雷尔曼——庞加莱猜想的历史	2013—10	298.00	II
从切比雪夫到爱尔特希(上)——素数定理的初等证明	2013—07	48.00	III
从切比雪夫到爱尔特希(下)——素数定理 100 年	2012—12	98.00	III
从高斯到盖尔方特——二次域的高斯猜想	2013—10	198.00	IV
从库默尔到朗兰兹——朗兰兹猜想的历史	2014—01	98.00	V
从比勒巴赫到德布朗斯——比勒巴赫猜想的历史	2014—02	298.00	VI
从麦比乌斯到陈省身——麦比乌斯变换与麦比乌斯带	2014—02	298.00	VII
从布尔到豪斯道夫——布尔方程与格论漫谈	2013—10	198.00	VIII
从开普勒到阿诺德——三体问题的历史	2014—05	298.00	IX
从华林到华罗庚——华林问题的历史	2013—10	298.00	X
数学物理大百科全书.第 1 卷	2016—01	418.00	508
数学物理大百科全书.第 2 卷	2016—01	408.00	509
数学物理大百科全书.第 3 卷	2016—01	396.00	510
数学物理大百科全书.第 4 卷	2016—01	408.00	511
数学物理大百科全书.第 5 卷	2016—01	368.00	512
朱德祥代数与几何讲义.第 1 卷	2017—01	38.00	697
朱德祥代数与几何讲义.第 2 卷	2017—01	28.00	698
朱德祥代数与几何讲义.第 3 卷	2017—01	28.00	699

刘培杰数学工作室
已出版(即将出版)图书目录——高等数学

书 名	出版时间	定 价	编号
闵嗣鹤文集	2011—03	98.00	102
吴从炘数学活动三十年(1951~1980)	2010—07	99.00	32
吴从炘数学活动又三十年(1981~2010)	2015—07	98.00	491
斯米尔诺夫高等数学.第一卷	2018—03	88.00	770
斯米尔诺夫高等数学.第二卷.第一分册	2018—03	68.00	771
斯米尔诺夫高等数学.第二卷.第二分册	2018—03	68.00	772
斯米尔诺夫高等数学.第二卷.第三分册	2018—03	48.00	773
斯米尔诺夫高等数学.第三卷.第一分册	2018—03	58.00	774
斯米尔诺夫高等数学.第三卷.第二分册	2018—03	58.00	775
斯米尔诺夫高等数学.第三卷.第三分册	2018—03	68.00	776
斯米尔诺夫高等数学.第四卷.第一分册	2018—03	48.00	777
斯米尔诺夫高等数学.第四卷.第二分册	2018—03	88.00	778
斯米尔诺夫高等数学.第五卷.第一分册	2018—03	58.00	779
斯米尔诺夫高等数学.第五卷.第二分册	2018—03	68.00	780
zeta 函数,q-zeta 函数,相伴级数与积分	2015—08	88.00	513
微分形式:理论与练习	2015—08	58.00	514
离散与微分包含的逼近和优化	2015—08	58.00	515
艾伦·图灵:他的工作与影响	2016—01	98.00	560
测度理论概率导论,第 2 版	2016—01	88.00	561
带有潜在故障恢复系统的半马尔柯夫模型控制	2016—01	98.00	562
数学分析原理	2016—01	88.00	563
随机偏微分方程的有效动力学	2016—01	88.00	564
图的谱半径	2016—01	58.00	565
量子机器学习中数据挖掘的量子计算方法	2016—01	98.00	566
量子物理的非常规方法	2016—01	118.00	567
运输过程的统一非局部理论:广义波尔兹曼物理动力学,第 2 版	2016—01	198.00	568
量子力学与经典力学之间的联系在原子、分子及电动力学系统建模中的应用	2016—01	58.00	569
算术域	2018—01	158.00	821
高等数学竞赛:1962—1991 年的米洛克斯·史怀哲竞赛	2018—01	128.00	822
用数学奥林匹克精神解决数论问题	2018—01	108.00	823
代数几何(德语)	2018—04	68.00	824
丢番图逼近论	2018—01	78.00	825
代数几何学基础教程	2018—01	98.00	826
解析数论入门课程	2018—01	78.00	827
数论中的丢番图问题	2018—01	78.00	829
数论(梦幻之旅):第五届中日数论研讨会演讲集	2018—01	68.00	830
数论新应用	2018—01	68.00	831
数论	2018—01	78.00	832
测度与积分	2019—04	68.00	1059
卡塔兰数入门	2019—05	68.00	1060

书　　名	出版时间	定　价	编号
湍流十讲	2018—04	108.00	886
无穷维李代数:第3版	2018—04	98.00	887
等值、不变量和对称性:英文	2018—04	78.00	888
解析数论	2018—09	78.00	889
《数学原理》的演化:伯特兰·罗素撰写第二版时的手稿与笔记	2018—04	108.00	890
哈密尔顿数学论文集(第4卷):几何学、分析学、天文学、概率和有限差分等	2019—05	108.00	891
数学王子——高斯	2018—01	48.00	858
坎坷奇星——阿贝尔	2018—01	48.00	859
闪烁奇星——伽罗瓦	2018—01	58.00	860
无穷统帅——康托尔	2018—01	48.00	861
科学公主——柯瓦列夫斯卡娅	2018—01	48.00	862
抽象代数之母——埃米·诺特	2018—01	48.00	863
电脑先驱——图灵	2018—01	58.00	864
昔日神童——维纳	2018—01	48.00	865
数坛怪侠——爱尔特希	2018—01	68.00	866
当代世界中的数学.数学思想与数学基础	2019—01	38.00	892
当代世界中的数学.数学问题	2019—01	38.00	893
当代世界中的数学.应用数学与数学应用	2019—01	38.00	894
当代世界中的数学.数学王国的新疆域(一)	2019—01	38.00	895
当代世界中的数学.数学王国的新疆域(二)	2019—01	38.00	896
当代世界中的数学.数林撷英(一)	2019—01	38.00	897
当代世界中的数学.数林撷英(二)	2019—01	48.00	898
当代世界中的数学.数学之路	2019—01	38.00	899
偏微分方程全局吸引子的特性:英文	2018—09	108.00	979
整函数与下调和函数:英文	2018—09	118.00	980
幂等分析:英文	2018—09	118.00	981
李群,离散子群与不变量理论:英文	2018—09	108.00	982
动力系统与统计力学:英文	2018—09	118.00	983
表示论与动力系统:英文	2018—09	118.00	984
初级统计学:循序渐进的方法:第10版	2019—05	68.00	1067
工程师与科学家微分方程用书:第4版	2019—07	58.00	1068
大学代数与三角学	2019—06	78.00	1069
培养数学能力的途径	2019—07	38.00	1070
工程师与科学家统计学:第4版	2019—06	58.00	1071
贸易与经济中的应用统计学:第6版	2019—06	58.00	1072
傅立叶级数和边值问题:第8版	2019—05	48.00	1073
通往天文学的途径:第5版	2019—05	58.00	1074

刘培杰数学工作室
已出版(即将出版)图书目录——高等数学

书　名	出版时间	定　价	编号
拉马努金笔记.第1卷	2019—06	165.00	1078
拉马努金笔记.第2卷	2019—06	165.00	1079
拉马努金笔记.第3卷	2019—06	165.00	1080
拉马努金笔记.第4卷	2019—06	165.00	1081
拉马努金笔记.第5卷	2019—06	165.00	1082
拉马努金遗失笔记.第1卷	2019—06	109.00	1083
拉马努金遗失笔记.第2卷	2019—06	109.00	1084
拉马努金遗失笔记.第3卷	2019—06	109.00	1085
拉马努金遗失笔记.第4卷	2019—06	109.00	1086
数论:1976年纽约洛克菲勒大学数论会议记录	2020—06	68.00	1145
数论:卡本代尔1979:1979年在南伊利诺伊卡本代尔大学举行的数论会议记录	2020—06	78.00	1146
数论:诺德韦克豪特1983:1983年在诺德韦克豪特举行的Journees Arithmetiques数论大会会议记录	2020—06	68.00	1147
数论:1985—1988年在纽约城市大学研究生院和大学中心举办的研讨会	2020—06	68.00	1148
数论:1987年在乌尔姆举行的Journees Arithmetiques数论大会会议记录	2020—06	68.00	1149
数论:马德拉斯1987:1987年在马德拉斯安娜大学举行的国际拉马努金百年纪念大会会议记录	2020—06	68.00	1150
解析数论:1988年在东京举行的日法研讨会会议记录	2020—06	68.00	1151
解析数论:2002年在意大利切特拉罗举行的C.I.M.E.暑期班演讲集	2020—06	68.00	1152
量子世界中的蝴蝶:最迷人的量子分形故事	2020—06	118.00	1157
走进量子力学	2020—06	118.00	1158
计算物理学概论	2020—06	48.00	1159
物质,空间和时间的理论:量子理论	即将出版		1160
物质,空间和时间的理论:经典理论	即将出版		1161
量子场理论:解释世界的神秘背景	2020—07	38.00	1162
计算物理学概论	即将出版		1163
行星状星云	即将出版		1164
基本宇宙学:从亚里士多德的宇宙到大爆炸	2020—08	58.00	1165
数学磁流体力学	2020—07	58.00	1166
计算科学:第1卷,计算的科学(日文)	2020—07	88.00	1167
计算科学:第2卷,计算与宇宙(日文)	2020—07	88.00	1168
计算科学:第3卷,计算与物质(日文)	2020—07	88.00	1169
计算科学:第4卷,计算与生命(日文)	2020—07	88.00	1170
计算科学:第5卷,计算与地球环境(日文)	2020—07	88.00	1171
计算科学:第6卷,计算与社会(日文)	2020—07	88.00	1172
计算科学.别卷,超级计算机(日文)	2020—07	88.00	1173

刘培杰数学工作室
已出版(即将出版)图书目录——高等数学

书　　　名	出版时间	定价	编号
代数与数论:综合方法	2020—10	78.00	1185
复分析:现代函数理论第一课	2020—07	58.00	1186
斐波那契数列和卡特兰数:导论	2020—10	68.00	1187
组合推理:计数艺术介绍	2020—07	88.00	1188
二次互反律的傅里叶分析证明	2020—07	48.00	1189
旋瓦兹分布的希尔伯特变换与应用	2020—07	58.00	1190
泛函分析:巴拿赫空间理论入门	2020—07	48.00	1191
典型群,错排与素数	即将出版		1204
李代数的表示:通过 gln 进行介绍	2020—10	38.00	1205
实分析演讲集	即将出版		1206
现代分析及其应用的课程	2020—10	58.00	1207
运动中的抛射物数学	即将出版		1208
2—扭结与它们的群	2020—10	38.00	1209
几率,策略和选择	即将出版		1210
分析学引论	即将出版		1211
量子群:通往流代数的路径	即将出版		1212
集合论入门	2020—10	48.00	1213
酉反射群	即将出版		1214
探索数学:吸引人的证明方法	即将出版		1215
微分拓扑短期课程	2020—10	48.00	1216
抽象凸分析	2020—11	68.00	1222
费马大定理笔记	即将出版		1223
高斯与雅可比和	即将出版		1224
π 与算术几何平均:关于解析数论和计算复杂性的研究	即将出版		1225
复分析入门	即将出版		1226
爱德华·卢卡斯与素性测定	即将出版		1227
代数、生物信息和机器人技术的算法问题.第四卷,独立恒等式系统(俄文)	2020—08	118.00	1119
代数、生物信息和机器人技术的算法问题.第五卷,相对覆盖性和独立可拆分恒等式系统(俄文)	2020—08	118.00	1200
代数、生物信息和机器人技术的算法问题.第六卷,恒等式和准恒等式的相等 问题、可推导性和可实现性(俄文)	2020—08	128.00	1201

联系地址:哈尔滨市南岗区复华四道街 10 号　哈尔滨工业大学出版社刘培杰数学工作室
网　　址:http://lpj.hit.edu.cn/
邮　　编:150006
联系电话:0451—86281378　　13904613167
E-mail:lpj1378@163.com